KB198362

사교육 없이 완성하는
영어 1등급 공부법

초등 엄마가 꼭 알아야 할 우리 아이 영어 공부 핵심 전략

사교육 없이 완성하는 영어 1등급 공부법

신혜진 지음

로그인

프롤로그

첫 책《문해력을 키우는 엄마표 영어의 비밀》을 출간한 뒤 전국 강연을 다니며 많은 학부모님을 만났습니다. 영어에 대한 높은 관심만큼이나 자녀의 영어 교육에 대한 학부모님의 고민과 궁금증도 뜨거웠습니다. 무엇보다 현직 영어 교사인 제가 아이에게 사교육 없이 영어 교육을 하는 실질적인 코칭 방법을 궁금해하시는 분들이 많았습니다. 아이가 어릴 때 진행한 엄마표 영어가 과연 중학교, 고등학교에 진학한 이후 좋은 성적으로 이어질 수 있는지에 대한 궁금증도 많았습니다.

영어 학습에 대한 의견은 차고 넘칩니다. 그런데 영어 교사가 되기 위해 임용 시험을 준비했던 저의 개인적 경험과 20년 가까이 현장에서 아이들에게 영어를 지도해온 경험에 비춰봤을 때 영어 교육에서 가장 중요한 것은 두 가지입니다. 바로 다독多讀과 다청多聽입니다. 아이가 영어를 잘하도록 만드는 방법은 다양합니다. 원어민과 회화를 연습시키거나 영어로 재미있는 활동을 진행하는 것도 그중 하나입니다. 하지만 이런 것들은 일시적인 효과는 있을지 모르지만 지속적으로 실천하기는 어렵습니다. 원어민 회화나 영어 놀이 활동은 말 그대로 간식일 뿐 영어를 잘하기 위한 주식은 다독과 다청입니다.

아이에게 일정 시간 이상 영어를 들려주고 읽어주는 것은 매우 중요합니다. 이런 경험 없이 영어를 잘하는 경지에 도달할 수 있는 사람은 없습니다. 중요한 줄은 알지만 실천하려면 막막한 이 두 가지를 어떻게 일상에서 녹여낼 수 있을지 부모님들께 학령별 로드맵을 제시해야겠다는 생각으로 이 책을 썼습니다.

다독과 다청을 통해 영어를 배운 아이는 학교에서 다른 친구들보다 유리한 출발점에 서게 됩니다. 학교에서 이루어지는 대부분의 수업과 평가가 듣기와 읽기를 중심으로 이루어지기 때문입니다. 영어를 학습하는 방법은 다양하지만 듣거나 읽고 이해하는 방법을 반복해서 익히는 방식으로 영어를 학습하면 학교에서 영어 과목에 자신감이 붙습니다. 그러기 위해서는 중학교에 입학하여 본격적으로 영어를 공부하기 전에 초등학교에서 영어에 대한 흥미와 긍정적인 감정을 갖는 것이 우선 되어야 합니다. 영어를 듣거나 읽는 과정에서 아이가 재미를 느끼는 것이 먼저입니다.

중학교에 입학하기 전에 미리 어려운 어휘를 외우고 문법 지식을 정복하는 것이 선행학습이 아닙니다. 진정한 의미의 선행학습은 영어로 책 한

권 또는 영화 한 편을 접해보는 것입니다.

영어는 하나의 과목이기 전에 언어입니다. 하지만 영어를 언어로 경험해본 아이의 수는 매우 적습니다. 실제로 학기 초 교실에 들어가 아이들에게 영어책을 읽어본 경험이 있는지 물어보았을 때 손을 드는 학생은 거의 없습니다. 극소수의 아이만이 손을 듭니다.

영어를 언어로 배우고 즐겨본 아이는 영어라는 과목으로 인해 받는 부담이 적습니다. 그 자신감이 영어 학습을 지속하는 원동력이 됩니다. 아이가 그런 경험을 할 수 있게 해주는 것은 부모가 줄 수 있는 최고의 선물이자 자산입니다.

2022 개정 교육과정 무엇이 달라졌을까?

이 책은 자녀의 중학교 입학을 앞두고 걱정하는 학부모님을 위해 중학교 영어 교육에 주안점을 두어 알기 쉽게 정리한 책입니다. 2025년부터 2022 개정 교육과정이 학교 현장에 적용됩니다. 이에 발맞추어 1장에서는 2022 개정 교육과정의 특징을 포함, 중학교 영어 교육과정에 대해 학부모님의 이해를 돕는 내용으로 채웠습니다. 아이의 학교생활 전반과 교육과정을 이해하는 것은 학습 지도의 중요한 시작점이기 때문입니다. 2장에서는 학교 내신과 수능을 동시에 잡기 위한 네 가지 방법을 정리하여 영어 학습의 궁극적인 목적을 달성하는 데 도움을 주는 내용을 담았습니다. 어디에 주안점을 두어 교육해야 할지 방향을 설정하는 이정표가 되어 줄 것입니다. 3장에서는 연령별·학년별 로드맵을 정리하여 학령에 적합한 도움을 주려고 합니다. 바뀐 교육과정에 맞춰 부모님이 옆에서 도움을 줄 수 있는 코칭 기술과 팁을 담았습니다. 4장은 강연을 다니며 부모님들께 받은 질문을 중심으로 사교육 없이 가정에서 영어 학습을 할 수 있는 방법을 제시합니다. 7개의 Why와 8개의 How가 부모님들의 궁금증을 풀어드릴 것입니다. 그리고 마지막 5장에서는 중학교 영어 학습에서 중요한 부분을 차지하는 핵심 문법 25가지를 정리했습니다. 중학교 교육과정에서 문법은 매우 중요합니다. 기초 어휘와 기초 문법에 대한 체계가 잡히면 그 다음부터는 영어로 된 문장을 읽고 이해하는 것이 수월해집니다. 이를 위해 한국인들이 많이 어려워하는 내용과 문제로 자주 출제되는 문법 요소를 정리했습니다. 이 부분만 보아도 큰 도움이 될 것입니다.

내 아이를 가장 잘 아는 사람은 다름 아닌 부모님입니다. 내 아이가 무엇을 잘하는지, 무엇을 원하는지, 가장 가까이서 지켜보고 가장 정확하게 코칭해줄 수 있는 사람이기도 합니다. 아이와 매일 만나므로 포기하지 않고 곁에서 계속 도움을 줄 수 있는 것도 부모만의 특권입니다. 아이와 일상 속 영어 습관을 만들기로 마음먹었지만 작심삼일로 끝날 수도 있습니다. 그래도 괜찮습니다. 처음에는 습관을 들이기 어려운 것이 당연합니다. 며칠 하다가 멈췄더라도 다시 아이와 약속을 정하고 실천하면 됩니다. 아이와 대화를 하고 약속을 정하고 습관을 형성하기 위한 노력을 포기하지만 않으면 됩니다. 영어 교육과정의 전반적인 방향과 영어 교육의 주안점을 염두에 두고 아이의 손을 잡고 한 걸음 한 걸음 앞으로 나아가면 됩니다.

영어 교사인 제가 다른 학부모님들과 다른 점이 있다면 엄마표 영어 교육 방식에 대한 확신이 남다르다는 점뿐입니다. 그래서 저는 아이에게 영어를 많이 가르쳐주기보다는 아이가 일상에서 영어를 최대한 많이 접할 수 있도록 환경을 만들어주었습니다. 영어를 많이 듣고 읽는 것이 영어 실력 향상에 가장 큰 도움이 된다는 사실을 잊지 마십시오. 제가 제시하는 로드맵을 따라 엄마표 영어 학습이 중학교를 거쳐 고등학교 영어 실력으로 이어지도록 가정에서 아이와 함께 하나씩 실천해보시길 기대합니다.

_신 혜 진

차 례

3장 연령별·학년별 영어 학습 로드맵

4장 사교육 없이 영어 공부하는 법: 7 Why & 8 How

5장 반드시 알아두어야 할 기초 영문법 25가지

1장

중학교 영어,
어떻게 대비해야 할까?

01

지금 우리 아이에게 꼭 필요한 것은?

아이를 키울 때 고려해야 할 가장 중요한 원칙은 무엇일까? 육아가 막막할 때마다 육아서를 찾아 읽으면서, 그리고 20년 가까이 학교 현장에서 학생들을 관찰하고 지도하면서 세운 나만의 원칙이 있다.

첫째는 '세상은 흥미로운 것들로 가득하고, 배움은 즐겁다'라는 생각을 아이가 오랫동안 유지하게 만들어주자는 것이었고, 둘째는 결국엔 아이 스스로 공부할 수 있는 자기주도학습 습관을 길러주자는 것이었다. 12년이라는 긴 학업 과정에서 학습에 대한 흥미를 잃지 않고 자기주도학습을 할 수 있도록 습관을 만들어주는 것이 나의 임무이자 역할이라고 생각했다.

학습에 대한 동기는 내적 동기와 외적 동기로 나눌 수 있다. 지적 호기심을 바탕으로 한 내적 동기는 아이가 스스로 원해서 즐겁게 공부하도록 만드는 힘이다. 반면 외적 동기에 의한 학습은 진학 또는 취업을 목적으로 하거나 부모님께 혼나지 않기 위해 하는 공부다. 안타깝게도 지금까지 내가 만난 학생들은 대부분 외적 동기가 강했다. 그러나 마라톤과 같은 긴 학습 과정을 끝까지 마치기 위해서는 두말할 것 없이 내적 동기가 지속되어야 한다.

모든 아이는 세상에 대한 무한한 관심과 호기심을 가지고 태어난다. 그 호기심을 끝까지 유지할 수 있게 해주고, 세상을 향한 날것 그대로의 관심을 오랫동안 가질 수 있게 해주며, 학습에 집중해야 할 중고등학교 시기에 배움 자체를 즐길 수 있도록 해주는 것이 부모의 역할이다.

누가 시키지 않아도 스스로 학습의 주도권을 갖고 공부하는 아이. 부모라면 한 번쯤 꿈꿔봤을 모습일 것이다. 내가 세운 첫 번째 육아관은 이러한 생각에 바탕을 두고 있고, 그런 만큼 아이를 키우는 내내 지적 호기심과 학습에 대한 흥미를 지켜주려고 노력했다.

학교 현장에서 수많은 아이를 만나면서 항상 내 아이가 중학생, 고등학생이 되었을 때의 모습을 상상했다. 그 모습을 그리면서 아이가 유치원에 다니던 시절부터 육아 일기를 썼다. 그중 첫 번째로 내 아이가 가졌으면 하는 것이 바로 '지적 호기심'이었다. 그동안 학교에서 관찰한 바에 따르면, 자신의 역량을 마음껏 발휘하는 아이들은 대부분 배우는 것을 즐겼다. 그 아이들을 보며 어떤 학원에 보내든, 어떤 학습을 시키든 지적 호기심만큼은 해치지 말아야겠다고 생각했다. 지식 하나를 더 주입하는 것보다 호기심을 지켜주는 게 더 중요하다고 생각했다.

두 번째는 자기주도학습 습관이다. 아이가 놀이에 몰입하게 만드는 3대 요소가 있다. 흥미, 자발성, 그리고 주도성이다. 아이들은 재미있는 놀이(흥미)와 자신이 원해서 참여한 놀이(자발성), 그리고 자기가 주인공이 되는 놀이(주도성)를 선호한다. 놀 때조차도 그렇다. 나는 이 세 가지 요소를 학습에서도 이어가고 싶었다. 아이의 놀이 습관은 이후 학습 습관으로 이어지기 때문이다. 학습은 재미있어야 하고, 스스로 원해서 해야 하며, 학습의 모든 과정은 아이가 주도해야 한다는 것이 내 확고한 생각이다. 많은 부모님이 학습은 즐거울 수 없다고 단정하곤 하는데 내 생각은 다르다. 놀이의 3대 요소인 흥미, 자발성, 주도성을 고려하여 학습을 설계하면 학습도 얼마든지 즐거울 수 있다. 부모는 아이가 어떤 것에 흥미를 느끼는지 관찰하여 아이에게 최적화된customized 방법으로 학습 기회를 제공하고, 자발적으로 학습에 참여하도록 기다려주며, 아이가 학습의 주도권을 잡을 수 있도록 자연스럽게 뒤로 빠져주는 역할만 잘하면 된다.

이러한 교육관을 바탕으로 아이가 배움의 즐거움을 잃지 않도록 사교육을 최소화하고, 가정에서의 학습 습관을 형성하는 것을 최우선 과제로 삼았다. 사교육을 통한 과도한 지식 교육은 아이에게 배움의 즐거움을 주기보다는 자기 주도성을 약하게 할 것이라고 생각했기 때문이다. 반대로 아이가 세상에 대한 지적 호기심과 배우려는 욕구를 꾸준히 유지한다면 내가 시키지 않더라도 스스로 학습을 주도해나갈 것이라고 믿었다.

사교육보다 중요한 것

대부분의 부모가 아이에게 필요한 교육을 고민할 때 가장 먼저 사교육을 떠올린다. 나도 그랬다. 그러나 아무리 프로그램이 좋은 학원에 보내더라도 아이가 그것을 받아들이지 못하면 아무 소용이 없다. 아이가 어떤 수업을 받았느냐보다 중요한 것은 그 과정에서 아이가 어떠한 역량을 키웠느냐이기 때문이다.

물론 학원 수업이 필요한 경우도 있다. 아이가 학교나 집에서 접하는 내용만으로는 충분하지 못하다고 느끼거나 직접 체험하면서 배워야 하는 경우다. 이럴 때는 전문가의 도움이 필요하다. 그러나 학교 수업 대비를 목적으로 아이를 학원에 보내고 있다면 정말 아이에게 필요한 것이 무엇인지 진지하게 고민해보기 바란다. 아이에게 필요한 것은 학습을 따라갈 수 있는 역량과 습관이다. 역량과 습관이 갖춰지면 학교 수업은 얼마든지 따라갈 수 있다.

그렇다면 아이에게 학습 역량을 심어주면서도 학습에 대한 흥미를 유지해나갈 수 있는 최고의 방법은 무엇일까? 바로 책 읽기 습관을 길러주는 것이다. 이미 수없이 듣고 들어서 더 새로울 것도 없는 뻔한 독서 교육을 강조한다고 생각하지 않았으면 좋겠다. 학교에서 진행되는 모든 학습은 글 읽기에 기반을 두고 있다. 스스로 글을 읽고 이해하도록 하는 문해력 교육은 독서 교육을 넘어 학교에서 학습을 유리하게 만드는 학습력을 키우는 과정이다. 학원의 강의식 선행 학습과 학생의 자발적인 독서를 놀이(학습)의 3대 요소인 흥미, 자발성, 주도성 측면에서 비교해보면 다음과 같다.

표1. 강의식 선행학습과 독서, 학습의 3대 요소 비교

강의식 선행학습	놀이(학습)의 3대 요소	독서
학습자의 흥미나 관심과 무관하게 진행됨	흥미	아이의 관심과 흥미를 반영하여 선택하고 진행함
선생님의 설명에 의존하여 스스로 생각할 기회를 갖지 못함	자발성	아이 스스로 주어진 텍스트를 이해하기 위해 노력함
선생님의 커리큘럼에 따라 선생님이 수업을 주도함	주도성	아이 스스로 자신의 속도와 요구에 맞게 배움을 주도함

학원의 선행학습을 통하면 지식을 더 많이, 더 빨리 접할 수는 있지만 정작 아이에게 필요한 학습의 3대 요소는 반영하기 어렵다. 그러나 독서는 다르다. 아이 스스로 자신의 관심사와 흥미를 반영한 책을 고르고 그 책을 원하는 방식과 속도로 읽으면서 배움의 즐거움을 느낄 수 있다. 책을 읽다가 재미가 없으면 덮어버릴 수도 있고, 재미있거나 더 알고 싶으면 반복해서 읽을 수도 있다. 읽은 내용이 재미있어서 다른 사람과 나누고 싶으면 부모에게 설명해 줄 수도 있다. 독서는 아이가 원하는 방향으로 배움을 끌고 가고 주도할 수 있다는 게 최고의 장점이다.

책을 읽는 동안 아이 머릿속에서는 수많은 의미 파악 활동이 일어난다. 주어진 텍스트가 무엇을 의미하는지, 지금까지 전개된 상황과 텍스트는 어떤 관계가 있는지, 삽화가 있다면 그 그림과 텍스트는 어떤 상관이 있는지 아이는 끊임없이 생각한다. 주인공과 주변 환경 사이의 갈등과 화해, 그리고 그 과정이 우리에게 부여하는 의미에 대해서도 고민한다. 이렇게 스토리를 이해하기 위한 능동적인 노력을 통해 아이는 학습에 필요

한 역량을 키워간다.

그럼 영어로 독서를 하게 되면 어떨까? 두말할 것도 없이 영어 문해력을 함께 키울 수 있다. 영어를 접하는 방법은 다양하다. 원어민과 직접 교류할 수도 있고, 시청각 자료를 보거나 듣는 방법으로도 가능하며, 독서를 통해서도 접할 수 있다. 이 중 책을 통해 영어를 접하는 방법은 아이가 자연스럽게 텍스트를 분석하는 눈을 키워준다는 점에서 좋다. 교과서에 나오는 지문부터 지필평가까지 끝없이 텍스트를 접하는 아이에게 꼭 필요한 지식 정보 처리 역량을 키워주는 셈이다. 결론적으로 독서를 통한 영어 학습은 흥미와 자발성, 주도성은 물론 영어 학습에서 유리한 출발선인 영어 문해력을 키워준다는 점에서 매우 중요하다.

영어 독서를 강조하는 이유는 간단하다. 국가 교육과정은 미래 사회에 적합한 인재를 키우기 위한 방향으로 변화하고 있고, 앞으로의 교실에서는 교사 주도가 아닌 학습자 주도의 수업이 더욱 확대될 것이기 때문이다. 그런데 안타깝게도 자신의 힘으로 학습을 주도해본 경험이 없는 학생은 자신이 무엇을 좋아하는지, 무엇을 원하는지조차 모른다. 답은 간단하다. 사교육을 통해 아이에게 지식을 많이 심어주려 하기보다 아이 스스로 학습 역량을 키울 수 있는 기회를 더 많이 제공하면 된다. 기회를 잡고 이뤄나가는 과정에서 실패를 맛보거나 좌절할 수도 있다. 하지만 이는 당연한 과정이다. 확실한 한 가지는, 그런 실패와 좌절이 아이에게 교훈을 남기고, 그것을 통해 아이는 자신에게 맞는 학습 방법을 찾고 자신만의 학습 전략을 세우게 된다는 사실이다.

02

영어 잘하는 아이들은 무엇이 다를까?

학교는 '작은 사회'다. 다양한 아이들이 교실이라는 공간에서 각자의 모습을 보여준다. 수업이나 과목에 대한 마음도 다양하다. 그중 영어에 대해 좋은 감정을 가지고 있는 아이를 만나는 날이 있다. 이런 아이들은 대개 어렸을 때 영어를 재밌게 즐긴 경험을 가지고 있다.

영어는 다른 교과목과 달리 이론을 다루는 '학문'이 아닌 '언어'다. 언어의 특성상 자주 접하면 접할수록 능숙해지고, 실력 향상에도 유리할 수밖에 없다. 첫 책 《문해력을 키우는 엄마표 영어의 비밀》을 출간하고 많은 강연 요청을 받았다. 강연 때마다 빠지지 않고 나오는 질문이 있었는데, '어떻게 하면 아이에게 독서 습관을 길러줄 수 있느냐'였다. 방법은,

처음부터 영어책을 읽어주는 것이 아니라 '영어로 읽기Reading in English'를 위한 마중물 단계를 거치는 것이다. 바로 '영어로 보기Viewing in English'와 '영어로 듣기Listening in English'다. 영어로 보기, 듣기, 읽기 활동은 각각의 의미와 필요성이 있는데, 각 활동의 의미와 활용 팁을 다시 한번 요약해 보았다.

표2. 생활 속에서 영어 노출 습관 기르기(V-L-R)

생활 속 영어 노출 습관	활동의 의미와 목적	생활 속 활용 꿀팁
영어로 보기 (Viewing in English)	1. '영어로 듣기'를 위한 준비 단계 2. 재미있는 영상을 통해 영어로 된 소리에 친숙해지기, 영어에 대한 흥미 높이기 3. 영상 속 상황과 맥락(context)을 통해 영어 표현의 의미 익히기 → 청해력 향상 4. 영어 어휘의 소리와 의미를 연결하기	1. '우리 집 TV는 영어로만 나온다'는 원칙 세우기 2. 매일 꾸준히 20분 미만의 영상 1편씩 보여주기 3. '우리 집만의 규칙'을 아이와 함께 세우고, 영상 노출 시간 적절하게 조절하기
영어로 듣기 (Listening in English)	1. '영어로 읽기'를 위한 준비 단계 2. 영어를 알아듣는 귀 만들기, 영어를 듣고 곧바로 이해하는 직청직해력 키우기 3. 영어 듣기 임계량 채우기(모국어 습득과 마찬가지로 듣는 시간이 충분해야 함) 4. 재미있는 음원을 통해 영어책에 대한 흥미 높이기	1. 핵심은 다청! 많이 들어야 아는 표현도 많아진다. 2. 눈.뜨.틀.(눈뜨자마자 음원 틀기)로 틈새 시간 공략하기 3. 카페 BGM처럼 TV 대신 영어 음원 항상 틀어놓기
영어로 읽기 (Reading in English)	1. 영어 독서 습관 형성을 위한 종착지 2. 영어 단어의 소리와 의미 연결에 추가로 철자까지 연결하기(소리-의미-철자) 3. 영어 읽기의 임계량 채우기, 영어를 읽고 곧바로 이해하는 직독직해력 키우기 4. 영어책 읽는 재미를 알고 영어책 읽는 습관을 성인까지 유지하는 '평생 영어 학습자'로 만들기(영어는 가늘고 길게)	1. 영어 음원이 함께 제공되는 책을 준비하여 귀로 듣는 동시에 눈으로 읽기 활동 하루 20분씩 꾸준히 하기 2. 아이가 좋아하는 수준의 책을 충분히 읽도록 해주기 3. 도서관과 서점을 놀이터처럼 활용하기

영어는 생활이다_실생활과 영어의 관계

영어의 중요성이 끊임없이 강조되고 있는 만큼 영어를 어렵다고 느끼는 사람도 많다. 내가 'English is a piece of cake.'라는 슬로건 아래 'cake 쌤'이라는 필명을 쓰게 된 이유도 여기에 있다. 나는 아이들이 영어를 한 조각 케이크처럼 쉽고 달콤하게 느끼기를 바랐다. 영어는 학문이 아닌 언어이기 때문에 매일 케이크 한 조각을 먹는 기분으로 조금씩 꾸준히 접하다 보면 어느 순간 머릿속에 하나의 체계가 세워진다. 그 틀을 바탕으로 영어를 듣고 읽으면 이해할 수 있는 것이 늘어나고, 결국엔 말과 글을 통해 표현할 수 있게 된다.

내 강의를 들은 학부모님들 중에 영어를 '생활'이라고 생각해본 적이 한 번도 없다고 말씀하신 분들이 많았다. 많은 사람들에게 영어는 여전히 '학습'의 대상인 것이다. 교재를 정해서 책상에 앉아 학습해야만 영어를 습득할 수 있는 것은 아니다. 오히려 편안한 환경에서 자연스럽게 접해야 영어를 습관화할 수 있고, 아이는 영어를 따로 공부해야 할 과목으로 인식하지 않게 된다.

영어를 교과서나 교재가 아닌 소설, 잡지, 신문, (만화)영화 등 다양한 매체를 통해 접하는 것은 실제적인 영어authentic English를 배운다는 점에서 매우 효과적이다. 2022 개정 교육과정에서는 학교 영어도 학생의 삶과 연계된 실생활 중심의 영어 의사소통 역량을 더욱 강화하는 방향으로 전개될 전망이다. '의사소통 도구'라는 도구 교과의 특성상 영어 학습의 궁극적인 목적은 학생이 실제 상황에서 영어를 구사할 수 있는 역량을 갖추도록 하는 데 있다. 따라서 영어를 교과서로만 배우는 것이 아니라 다양한 매체를 활용하여 영어로 된 정보를 습득하고, 주변과 영어로 소통하고 문화적으로 교류하며, 영어로 자기 생각을 창의적으로 표현할 줄 알아야 한다. 이렇게 생활 밀착형 방식으로 가야 학교에서 10년 이상 영어를 배우고도 영어를 사용하는 외국인을 만났을 때 도망가기 바쁜 현실을 바꿔나갈 수 있을 것이다.

외국어로서 영어를 접하는 EFLEnglish as a Foreign Language 환경인 우리나라에서는 학생들이 영어를 접하는 시간이 턱없이 부족하다. 현행 교육과정에서 중학교 3년간 영어 수업에 배정된 시수는 총 340시간이다. 한 학기를 17주로 잡았을 때 1학년은 주당 3시간, 2학년은 3시간, 3학년은 4시간의 영어 수업을 받게 된다. 다시 말해 우리나라 중학생이 일주일에 영어를 접하는 시간은 기껏해야 3~4시간 정도다. 그러나 영어로 의사소통이 가능한 수준이 되려면 영어로 보기viewing, 영어로 듣기listening, 영어로 읽기reading를 포함하여 하루 3시간 정도는 매일 꾸준히 영어를 접해야 한다. 1만 시간의 법칙을 적용하면 하루 3시간, 10년에 걸쳐 영어를 직·간접적으로 경험해야 능숙해진다는 얘기다.

반가운 점은, 정보통신 기술의 발달로 실시간 화상 회의나 디지털 공간에서의 소통이 활발해지면서 영어 의사소통 수단이 확대되고 있다는 것이다. 이 영향으로 듣기와 읽기 외에도 시청각 이미지가 결합된 보기viewing가 주요 정보 습득 방법의 하나가 되었다. 말하기, 쓰기 외에 발표하기 같은 제시하기presenting도 중요한 영어 표현 수단으로 인식되기 시작했다. 앞으로 디지털 교과서와 인공지능 교육이 보편화된다면 아이들이 영어를 듣거나 읽는 활동뿐만 아니라 영어를 보는viewing 활동과 자신만의 콘텐츠를 만들어 보여주는presenting 활동이 더욱 확대될 것이다.

이는 곧 디지털 기기 사용으로 연결된다. 그러므로 스마트폰과 같은 디지털 기기를 활용하는 것을 무조건 제한할 것이 아니라 영어 학습의 중요 수단으로 사용할 수 있도록 아이에게 제대로 된 사용법을 알려주는 것이 중요하다.

요즘에는 영어로 된 영상이나 음원을 따로 구매할 필요가 거의 없다. 유튜브를 활용하거나 책 읽어주는 오디오북 어플을 이용하면 된다. '팟캐스트'와 같이 현지에서 사용하는 영어를 직접 청취할 수 있는 어플도 있다. 다양한 프로그램 중에서 자녀의 수준과 관심사에 맞는 음원을 골라서 청취하면 된다.

부모가 할 일은 딱 두 가지다. 첫 번째는 아이가 영어를 접할 수 있는 콘텐츠를 영상이나 음원, 책의 형태로 꾸준히 제공해주는 것이고, 두 번째는 아이가 보거나 듣거나 읽은 내용에 대해 관심을 가지고 질문하는 것이다. 바로 이 지점이 아이가 콘텐츠를 접하고 자신의 생각을 표현하는 첫 시작점이 된다. 경험하거나 알고 있는 내용을 말이나 글로 설명하는 것, 이것이 바로 문해력 향상으로 가는 첫걸음이다. 단, 제대로 읽었는지 확인하기 위한 목적으로 추궁하듯 묻는 것은 곤란하다. 아이가 자신이 읽은 내용을 즐거운 마음으로 설명할 수 있도록 편안한 분위기만 만들어주면 된다.

문해력을 키우는 독서 질문법

그렇다면 문해력을 키우기 위해서는 어떻게 해야 할까? 먼저 한 편의 이야기가 있다고 가정하자. 이야기를 이해하기 위해서는 다음의 세 가지를 모두 파악할 수 있어야 한다.

1. 단어의 뜻
2. 문장의 의미
3. 이야기 전체에 흐르는 메시지

이 세 가지를 파악했다면 아이가 문해력을 갖추었다고 말할 수 있다. 그럼 이제 아이에게 질문을 해보자. 아이의 흥미를 떨어뜨리지 않는 선에서 책을 읽는 도중이나 책을 읽고 난 후 가볍게 한두 가지 질문을 던지고 함께 답을 찾아보는 정도면 된다.

첫째, 단어의 뜻을 물어본다. 이때는 이야기를 이해하기 위해 꼭 필요한 핵심 어휘 한 개 정도만 묻는 것이 좋다. 아이가 모를 것 같은 어휘만 골라 여러 개를 묻는 것은 곤란하다. 모든 단어의 뜻을 알아야 책의 내용을 이해할 수 있는 것은 아니다. 어휘의 의미를 다 알지 못해도 스스로 문맥을 유추하여 내용을 파악하는 능력이 영어 독해에서는 훨씬 더 중요하다. 아이의 독서를 방해하지 않는 선에서 뜻을 짚어주는 정도면 충분하고, 아이가 단어 뜻을 몰라 머뭇거리거나 대답하지 않을 때는 가볍게 알려주고 넘어가면 된다.

둘째, 문장의 뜻을 물어본다. 이때도 역시 이야기 전개상 중요한 사건을 담은 핵심 문장을 짚으며 "여기서 어떻게 된 거야?"라고 묻는 정도면 된다. 영어로 책 읽기에 익숙해진 아이라면 문장의 정확한 의미를 모르더라도 상황을 설명할 수 있다. 질문할 때는 "엄마가 잘 몰라서 그러는데, 이것 좀 알려줄래?"와 같은 식으로 묻는 것이 좋다. 그럼 아이는 자신이 아는 내용을 엄마에게 설명한다는 기쁨에 더 적극적으로 내용을 설명하려 할 것이다. 엄마의 반응도 중요하다. 아이의 설명을 듣고 난 뒤에는 아낌없는 칭찬을 해주자. 만약 아이가 문장의 뜻을 제대로 설명하지 못한다면 "주인공이 무얼 잃어버렸대?"처럼 질문을 구체적으로 바꾸자. 그 문장에서 가장 핵심이 되는 단어를 아이가 답할 수 있도록 물으면 된다. 아이의 대답이 엄마의 생각과 다를 때는 "네 생각은 그렇구나. 그런데 엄마 생각에는 이거 같아. 왜냐하면~" 이런 식으로 아이의 대답을 인정한 뒤에 설명하는 것이 좋다. 그래야 독후 대화를 지속적으로 이어나갈 수 있다.

셋째, 이야기가 품고 있는 메시지를 물어본다. 책을 다 읽(어주)고 난 뒤 "주인공은 왜 그런 행동을 했을까?"나 "가장 재미있는 장면은 어디였어?"처럼 이야기 전체의 흐름을 관통하는 질문을 하면 된다. 아이가 혼자 책을 읽은 경우라면 "엄마가 궁금해서 그러는데, 무슨 내용이야?"라든가 "그래서 결말이 어떻게 됐어?"라고 물으면 좋다. 책을 읽고 나서 짧게라도 책에 관한 이야기를 나누는 것은 거창한 독후 활동 없이도 아이의 문해력을 키우는 좋은 방법이다.

03

2022 개정 교육과정, 무엇이 달라졌을까?

2025년부터 2022 개정 교육과정이 학교 현장에 적용된다. '배움의 즐거움을 일깨우는 미래교육으로의 전환'이라는 기조 아래 '학생에게 개별화된customized 교육과 학습자 주도성'을 키우는 것이 2022 개정 교육과정의 중요한 특징이다.

기존에는 일제식 강의를 통해 지식을 전달하고 똑같은 결과물을 산출하는 것이 교육의 목표였다. 하지만 우리 자녀들이 살아갈 미래는 예측하기 힘들 정도로 변화 속도가 빠르다. 변화를 받아들이되 그 속에서 생존 전략을 찾아야 한다. 획일화된 교육과정은 더 이상 의미가 없다. 대신 학생 개개인의 흥미와 욕구, 학습 속도를 고려하여 '개별화된' 교육과정을 제공함으로써 다변화된 사회에 적합한 인재를 키워내야 한다. 학생 역시 미래 변화에 능동적으로 대처하는 능력을 키워야 한다. 학생의 자기 주도성이 중요한 키워드가 된 것이다. 자기 주도성을 키우기 위해서는 학생 스스로 학습을 주도해본 경험이 있어야 한다. 기존의 '집어넣는' 교육, 즉 주입식 교육에서 '꺼내는' 교육, 즉 창의융합형 인재로의 전환이다.

이렇게 '개별화된 교육'과 '학습자의 자기 주도성'이 강조된 이유에 대해서는 코로나-19로 인해 학교가 마비되었던 때를 떠올려보면 쉽게 이해할 수 있을 것이다. 흔히들 코로나가 앞으로 다가올 교육의 변화를 100년 가까이 앞당겨 놓았다고 말한다. 코로나 당시 학생들은 학교가 아닌 집에서 온라인 수업을 들으며 학습해야 했다. 교사가 얼굴을 마주하고 학생을 지도할 수 없었던 만큼 개개인에게 개별화된 과제를 내주는 것이 중요했다. 학생이 과제를 수행했는지를 확인하고 피드백을 줄 수 있는 시스템이 필요했다. 학생 입장에서는 스스로 학습할 수 있는 주도성을 갖춰야 했다. 교사의 직접적인 지도가 없는 상황에서 스스로 학습할 수 있는지 여부에 따라 아이들 사이에 학습 격차가 생겼다. 교사가 옆에 있든 없든 스스로 공부를 주도할 수 있는 상위권 학생들은 성적에 큰 변화가 없었지만 교사의 지도가 필요한 중위권 학생들은 하위권으로 성적이 떨어지는 경우가 많았다.

미래에는 교사와 학생이 직접 대면하지 않고 학습자 스스로 학습해야 하는 경우가 더 늘어날 것이다. 개별화된 교육 방식과 학습자의 자기 주도성이 더 중요해질 것이라는 의미다.

2022 개정 교육과정의 두 가지 핵심

2022 개정 초·중등학교 및 특수교육 교육과정 확정·발표 보도 자료에 따른 교과 교육과정의 주요 개정 내용은 다음의 두 가지로 정리할 수 있다.

첫째, 핵심 아이디어를 중심으로 학습 내용을 적정화하고 역량을 키우는 데 초점을 둔다. 우리 아이들은 이제 자신의 삶과 연계된 실생활의 맥락 속에서 깊이 있는 학습을 하고, 교과 내용 간의 연계성을 강화하여 종합적·융합적으로 지식을 배우며, 그 과정에서 미래 사회에 필요한 역량을 키우게 될 것이다. 지금까지는 방대한 양의 지식을 과목별로 세분화하여 학생에게 '집어넣는' 것이 중요했다면 이제는 몇 가지 핵심 지식을 바탕으로 학생 스스로 '꺼내는' 것이 중요해졌다는 의미다. 교사는 학습할 내용을 적절하게 조정하여 핵심 아이디어 중심으로 꼭 필요한 것만 가르치고, 학생은 그것을 바탕으로 프로젝트 활동 등을 통해 문제 해결 역량을 키워나가게 될 것이다.

학생들이 만나는 세상은 교과목별로 분리되어 있지 않다. 실생활에서 만나는 문제 상황을 해결하기 위해서는 다양한 교과에서 배우는 지식을 융합하여 활용하는 능력이 중요하다. 교과서에만 존재하는 죽은 지식이 아닌 실생활이 반영된 살아 있는 지식을 배우는 과정에서 학생은 학교에서 배우는 지식이 실제 삶과 떨어져 있지 않다는 사실을 알게 된다. 그것을 어떻게 활용할지는 각자의 몫이며, 이것이 바로 개별화된 교육이 중요한 이유다.

둘째, 학습 역량을 기를 수 있는 다양한 학생 주도형 수업을 통해 학습자 주도성을 기르도록 강조한다. 이를 위해 비판적 질문, 토의·토론 수업, 협업 수업 등 다양한 문제 해결 상황에 대해 자기 능력과 속도에 맞추어 자신만의 방식으로 학습 역량을 기를 수 있도록 기회를 제공한다. 또한 학습 과정에서 학습 내용뿐만 아니라 준비와 태도, 학생 간의 상호 작용, 사고 및 행동의 변화 등을 지속적으로 평가하는 과정 중심 평가를 통해 학생 개개인에게 개별화된 맞춤형 피드백을 제공한다.

기존의 획일적인 지식 주입식 교육에서 벗어나 학생이 학습의 주체자로 참여하는 것은 학생으로 하여금 자신이 학습의 주인임을 느끼게 한다. 일방적으로 교사의 설명을 듣는 것이 아니라 스스로 질문하고 주어진 문제에 대해 친구들과 의견을 공유하고 협업하는 과정에서 학생은 학습을 주도하는 힘을 기르게 된다. 이렇게 길러진 역량을 바탕으로 학생들은 사회에 나가서도 스스로 문제를 해결하는 힘을 갖게 된다. 교사는 기존의 지식 전달자 역할에서 벗어나 학생에게 적절한 도움과 개별화된 피드백을 제공함으로써 학생 스스로 역량을 키워나가도록 지원해주는 조력자이자 코치가 된다.

04

영어 교육과정에서의 가장 큰 변화는 무엇일까?

2022 개정 교육과정에서 영어 교과는 어떤 부분이 바뀌었을까? 가장 큰 변화는 현행의 '듣기', '말하기', '읽기', '쓰기'로 구분한 언어 기능별 영역 분류 방식에서 벗어나 영어 지식 정보의 '이해'와 '표현'의 두 가지 영역으로 개선했다는 데 있다. 쉽게 정리하면, 듣기와 읽기로 이루어져 있던 정보 입력input이 '이해reception'라는 하나의 영역으로 묶이고, 말하기와 쓰기로 이루어져 있던 언어 산출output이 '표현production'이라는 하나의 영역으로 묶였다고 할 수 있다. 지금까지는 언어를 듣기, 말하기, 읽기, 쓰기로 분류했다면 개정 교육과정에서는 언어 사용의 사회적 목적 관점에서 이해와 표현의 두 가지 영역으로 구성한 것인데, 정보 매체 및 시

대의 변화가 반영된 것으로 보인다.

교육부에서 발행한 영어과 교육과정에 관한 내용을 따르면 다음과 같다.

> "매체의 발달과 기술의 변화로 의사소통 방식(사회 관계망 서비스, 비대면 원격 회의 등)이 다변화되면서 듣기, 말하기, 읽기, 쓰기의 구분이 불명확해졌고 그 비중도 균등하지 않다. 듣기와 읽기에 더해 시청각 이미지가 결합된 보기viewing가 영어를 접하는 주요 수단이 되었고, 말하기와 쓰기에 더해 발표 등과 같은 제시하기presenting가 중요한 표현 수단이 되었다."(영어과 교육과정, 교육부, 3p)

과거에는 말과 글이 전부였다면 이제는 정보의 표현 방식이 말하는 동시에 글과 시청각 자료를 보여주는 프레젠테이션이 일상화되고 있다. 이에 따라 글과 말로 의사소통 방식을 구분하기보다는 다양하게 결합된 방식으로 제공되는 지식과 정보를 처리하고 사용하는 능력, 다양한 매체를 통해 자신의 느낌과 의견을 전달하는 능력, 말과 글이 결합된 형태로 상호 작용하는 의사소통 역량이 우리 아이들에게 더욱 필요해질 것이다. 귀로 내용을 듣는 동시에 눈으로 읽는, 즉 동영상 같은 시청각 자료를 일상적으로 접하는 요즘 아이들의 의사소통 방식을 잘 반영했다고 할 수 있다.

실생활 중심의 영어 의사소통 역량 키워야

두 번째 특징은 다른 교과와 마찬가지로 영어 교과에서도 학생의 삶과 연계된 실생활 중심의 영어 의사소통 역량 교육을 강화한다는 점이다. 영어과 교육과정에 따르면 "영어 학습의 궁극적인 지향점은 학생이 실생활 맥락에서 영어를 습득하고 사용하게 하는 것이며, 이는 목적과 결과를 수반하는 과업을 중심으로 이루어진다."라고 되어 있다.

> 영어 의사소통 역량이란 다양한 정보를 습득하고, 문화적 산물을 향유하며, 영어로 자신의 생각을 창의적으로 표현하고, 영어 사용 공동체 참여자들과 협력적으로 상호 작용할 수 있는 역량을 말한다. 이는 의사소통 능력의 개념을 기초로 하여, 미래사회의 요구에 부합하는 영어 학습자의 역량에 중점을 두어 개념을 확장하고 체계화한 것이다. 따라서 영어 의사소통 역량은 2022 개정 교육과정 총론에서 제시하는 6가지 핵심역량인 '자기 관리 역량', '지식 정보 처리 역량', '창의적 사고 역량', '협력적 소통 역량', '심미적 감성 역량', '공동체 역량'을 모두 포함하고 있다. (영어과 교육과정, 교육부, 3~4p)

우리나라는 일상생활에서 영어를 거의 사용하지 않는 EFLEnglish as a foreign language 상황이기 때문에 매체 발달과 기술 변화로 다변화된 의사소통 방식을 반영하여 영어 지식 정보의 처리reception 및 사용production을 위한 실제적인 교육을 학교에서 시행할 필요가 있다. 학교 영어 교육에서는 학생에게 실생활 맥락과 연계된 영어 사용 기회를 가능한 많이 제공할 수 있는 교수학습 방법을 계획하고 실천한다. 디지털 · 인공지능 교육 환경으로의 변화에 부합하도록 다양한 매체 자료와 정보 통신 기술을 수업과 학습에서 활용하며 교수 학습 활동과 평가를 유기적으로 연계하여 학습의 효율성을 극대화할 필요가 있다. (영어과 교육과정, 교육부, 5~6p)

현재 학교 현장에서는 학생들에게 다양한 매체를 활용하여 영어를 경험할 기회를 제공하고 있다. 실제적인 맥락authentic context에서 영어를 습득할 수 있도록 교과서 외에 영어로 된 소설이나 영어 신문, 잡지 등의 읽기 자료, 팝송, 영화, 동영상, 읽기 프로그램 등 다양한 시청각 자료를 가지고 수업을 진행 중이다. 또한 에듀테크 기술을 활용하여 학생들이 각자 학습한 내용에 대해 개별적인 피드백을 받을 수 있도록 프로그램을 활용하는 교사들도 늘고 있다. 앞으로도 학생의 영어 의사소통 역량을 키우기 위해 실제적인 맥락을 반영한 영어 학습 기회를 제공하려는 노력은 더욱 확대될 것이다.

05

지필평가가 무엇인가요?

중학교에서 실시하는 평가는 크게 지필평가와 수행평가로 나누어진다. 실기 위주의 예체능 교과인 미술이나 체육, 음악 같은 교과는 수행평가를 100% 반영하여 성적을 산출하는 경우가 많다. 하지만 국어나 영어, 수학, 사회, 과학 같은 교과들은 지필평가와 수행평가를 합산하여 성적을 낸다. 지필평가와 수행평가는 실시 횟수와 시기 등이 다르기 때문에 각각의 평가에 대해 미리 숙지하고 적절한 대비가 필요하다. 지필평가와 수행평가의 일반적인 특징을 비교하면 표3과 같다. 단, 학교마다, 교과마다 평가 방법이 다르므로 수시로 안내되는 가정통신문과 학교 알리미 사이트에 올라오는 '교과별 교수학습 및 평가 운영 계획'을 살펴보는 것이 좋다.

표3. 지필평가와 수행평가 비교

	지필평가	수행평가
횟수	• 학기별로 1차(중간) 고사+2차(기말) 고사 2회 또는 둘 중 1회 실시 (1, 2학기 총 2회 혹은 4회)	• 교과별로 3~5가지 영역을 수시로 실시 (교과별로 수행평가 영역의 개수는 다름)
시기	• 1, 2학기 시작 후 2개월에 한 번씩 (ex: 5월, 7월) 실시 • 학교마다, 평가 계획에 따라 시기 다름	• 각 교과의 영역별 수행평가 시기가 서로 겹치지 않도록 분산 실시
성적 반영 비율	• 1회 또는 2회 성적을 합산하여 50% 내외로 반영	• 영역별 수행평가 점수를 합산하여 지필평가를 제외한 비율(50~100%)을 반영
범위	• 1차 고사: 학기 초부터 시험 직전까지 배운 내용 • 2차 고사: 1차 고사 이후부터 시험 직전까지 배운 내용	• 교과별 교수학습 운영 계획에 따라 각 시기별로 학습한 내용

영어 지필평가 대비 전략 5가지

❶ 교과 수업 열심히 듣기

가장 기본적이고 당연한 전략인데 어찌 된 일인지 가장 지켜지지 않는 부분이다. 그러나 내가 만난 최상위권 학생들은 하나같이 교과 수업 시간에 흐트러짐이 없었다. 열이면 열 모두 수업 집중도가 매우 뛰어났다. 수업 시간에 배우는 내용이 지필평가의 전부임을 알고 있는 듯 최선을 다해 수업에 임했다.

다른 과목도 마찬가지겠지만 영어는 필기 내용을 꼼꼼히 정리하는 습관이 매우 중요하다. 수학이나 과학의 경우 하나의 이론을 배웠다면 그것을 다양한 문제에 적용해 보는 방식으로 접근하는 것이 효과적이다. 하지만 영어는 각 표현이 맥락에서 어떤 의미를 갖는지 사례 중심으로 접근하는 것이 중요하다. 따라서 선생님의 설명을 들으면서 표현의 문맥적 의미를 필기하고 정확히 숙지해야 한다. 수학과 영어의 학습 방식의 차이를 정리하면 다음과 같다.

표4. 수학과 영어의 학습 방식 비교

수학	영어
연역적	귀납적
원리 먼저 → 사례 적용	사례 먼저 → 원리 파악
단계별 순서(나선형 구조)에 따른 학습이 중요	다양한 경험을 통한 습득이 중요
짧고 굵게	가늘고 길게

표에서도 볼 수 있듯이 영어는 다양한 사례를 접하고 난 뒤 원리를 세우는 귀납적 방식이 유리하다. 같은 표현이라도 문맥에 따라 다른 의미를 지니기 때문이다. 그런 점에서 영어 표현이 글 속에서 어떤 형태와 의미를 갖는지 예를 살피는 것, 즉 그 표현이 사용된 사례를 익히는 것이 영어 공부의 전부라고 할 수도 있다. 예를 들어, 'use'라는 단어는 동사로 '사용하다'라는 뜻과 명사로 '사용'이라는 뜻을 가진다. 이 사실을 알고 있더라도 "The use of cell phone is banned."라는 문장에서 밑줄 친 'use'

가 '사용'이라는 뜻의 명사로 쓰였음을 이해해야 한다. 수업 시간에 각 표현이 어떻게 쓰였는지 선생님의 설명을 잘 듣고 사례를 중심으로 필기를 꼼꼼하게 해두었다가 시험 전에 여러 번 읽어보는 것이 효과적이다.

❷ 영어 공부의 시작은 어휘

단어는 문장을 이루는 최소 단위로, 단어의 뜻을 정확히 알지 못하면 문장을 해석할 수도 없고, 문단 전체를 이해할 수도 없다. 따라서 지필평가 범위에 포함되는 단어 목록을 정확하게 외우는 것이 시험 대비의 출발점이다. 교과서에 나오는 어휘는 너무 쉽다며 등한시하는 경우를 종종 보는데, 학원에서 수준 높은 어휘들을 접하고 외우느라 교과서 어휘를 만만하게 생각하면 결정적인 순간에 스펠링이나 뜻이 생각나지 않아 낭패를 볼 수 있다. 시험 공부의 시작은 어휘라는 생각으로 단어를 철저히 복습해두어야 한다.

어휘 학습의 가장 효과적인 방법은 조금씩 자주 들여다보는 것이다. 아침, 점심, 저녁, 그리고 잠들기 전 총 4회에 걸쳐 한 번에 5분씩 반복 읽기에 투자할 것을 권한다. 앉은 자리에서 다 외우겠다는 욕심에 연습장에 반복적으로 쓰면서 외우는 방법은 발음과 뜻, 스펠링을 한꺼번에 외워야 해서 효과적이지 않다. 장기 기억으로 저장되지도 않는다. 그보다는 반복적으로 단어를 보면서 통문자 형태로 발음과 함께 익힌 뒤 스펠링을 써보는 것이 훨씬 도움이 된다.

❸ 교과서 지문 공부하기-내용 이해 vs. 문법 적용

단어를 꼼꼼히 외웠다면 교과서 지문을 공부해야 한다. 지문을 공부할 때 가장 중요한 두 가지는 내용 파악과 문법 활용이다. 지필평가에 나오는 문제는 크게 두 가지다. 하나는 단어나 문장, 문단의 내용을 이해했는지 묻는 '내용 이해' 문제이고, 다른 하나는 단어나 문장의 쓰임을 묻는 '문법 적용' 문제다. 그래서 지문을 공부할 때는 이 두 가지 측면을 모두 고려하여 교과서를 최소한 3회 이상 반복해서 읽어보는 것이 좋다.

처음 교과서를 읽을 때는 '내용 이해'에 초점을 맞추어 '단어 → 문장 → 문단 → 글'의 순서로 읽는다. 단어의 뜻, 문장의 문맥상 의미, 문단 전체의 핵심 내용, 글 전체의 요지 파악을 중심으로 읽는 것이다. 이때 각 문단의 핵심 내용을 영어로, 영어가 어렵다면 한글로 문단 옆에 적어보는 습관을 들여놓으면 좋다. 이렇게 해두면 문단의 주제나 요약문, 주제문을 파악하는 문제를 푸는 데 도움이 된다.

두 번째로 교과서를 읽을 때는 '문법 적용'에 초점을 맞춘다. 단어의 문맥상 쓰임, 어구나 표현의 문법적 형태, 글 전체를 연결 짓는 연결사 등 문법적 요소를 고려하며 읽어야 한다. 문법 요소를 단독으로 묻는 문제도 있지만 영어 표현이 지문 안에서 어떻게 쓰였는지 묻는 문제도 있기 때문이다.

세 번째로 교과서를 읽을 때는 내용 이해 요소와 문법적 요소를 모두 고려하며 소리 내어 읽는 것이 좋다. 문장을 음독해보면 눈으로만 묵독할 때는 보이지 않던 단어들의 쓰임과 문장 간의 관계 등이 보인다. 지문의 내용과 문법적 지식이 머릿속에서 하나로 연결될 수 있도록 소리 내어 읽어보면 글의 의도가 보이고, 어떤 문제가 출제될지도 예상할 수 있다.

교과서 지문을 통째로 외우지 않더라도 영어 수업 시간에 필기한 내용에 유념하여 위와 같이 다각도로 여러 번 읽어보는 것만으로도 지문을 외우는 것과 비슷한 효과를 거둘 수 있다. 단, 지문을 통째로 외우는 것은 지문을 변형해서 출제할 경우 효과가 없으므로 추천하지 않는다. 다양한 지문을 분석하는 과정에서 처음 보는 지문을 읽고도 내용을 파악할 수 있는 문해력을 키우는 것이 영어 학습의 궁극적인 목적이라는 것을 잊지 않아야 한다.

❹ 교과서 지문 필사하기

지문에 대한 분석력과 문해력을 키우는 방법으로 교과서 지문을 필사하는 방법도 추천한다. 예전에는 학교에서 교과서 지문을 쓰고 해석하는 숙제를 내주는 경우가 많았으나 요즘은 그렇지 않다. 여러 교과에서 영역별로 실시되는 수행평가 준비만으로도 벅차기 때문이다. 그러나 교과서 지문을 직접 손으로 써보는 필사는 문법적으로 올바른 문장(정문)을 그대로 흡수하는 효과가 있다. 또한 문장의 각 요소가 어떤 의미를 갖는지 음미하며 재해석할 수 있고, 관사의 쓰임이나 문장의 어순과 같은 구체적인 문법 요소를 익히기에도 더없이 좋은 방법이다.

❺ 핵심 문법 완벽 이해하기

마지막으로 챙겨야 할 것은 교과서별로 각 단원에서 핵심적으로 다루는 문법 요소를 숙지하는 일이다. 문장 해석에 필요한 문법 요소들은 모두 출제 대상이지만 특히 교과서 지문 속에서 집중적으로 다루는 핵심 문법에 대해서는 철저한 이해와 문제 풀이를 통한 대비가 필요하다. 학생들의 내신 등급을 가르는 킬링 문제들은 대부분 문장이 문법적으로 옳은지 여부를 따지는 '문법성 판단 문제'이기 때문이다.

문제 출제 유형별 예시와 대비 방법은《문해력을 키우는 엄마표 영어의 비밀》에 자세히 다루었으니 참조하길 바란다. 지필평가에 대한 대비는 학원 수업이나 과외를 통해서도 할 수 있지만 앞서 언급한 대로 영어 학습의 궁극적인 목적은 처음 만나는 지문을 자신이 가진 문해력으로 풀어낼 줄 아는 능력과 문장을 분석하는 눈을 기르는 일이다. 그리고 그러한 역량은 다른 사람의 설명과 분석이 아닌 자신이 스스로 읽고 분석하고 해석하는 경험을 통해서만 완성된다는 사실을 잊지 말자.

06

수행평가가 무엇인가요?

영어 읽기 능력을 중심으로 평가하는 지필평가와 달리 수행평가는 학생이 다양한 활동을 수행하는 과정과 결과를 다각도로 평가하는 방식으로 이루어진다. 지도 교사가 영어 학습의 주안점을 어디에 두느냐에 따라 수행평가의 내용(영역)은 학교마다, 학년마다 다를 수 있다. 실시하는 시기 역시 매년 세우는 학교의 교수학습 및 평가 운영 계획에 따라 다르므로 수업 시간 또는 안내문을 통해 수행평가의 영역별 내용과 과제 유형, 시기, 채점 기준 등을 숙지해놓아야 한다.

그렇다면 수행평가 준비는 어떻게 해야 할까? 어떤 중학교의 수행평가와 지필평가의 고입 내신 성적 반영 비율이 각각 50%라고 가정했을 때 수행평가에서 한 가지 영역이라도 대비를 소홀히 하여 감점을 당한다면 지필평가에서 한두 문제를 틀리는 것과 비슷한 결과를 낳게 된다. 따라서 사전에 공지되는 각 수행평가에 대해 주말 등을 이용해 충분한 시간을 들여 준비하고, 특히 제시된 채점 기준에 부합할 수 있도록 철저한 대비가 필요하다.

영어 수행평가에 필요한 두 가지 역량

수행평가는 주로 읽기, 듣기와 같은 '이해'input 영역보다는 말하기나 쓰기 같은 '표현'output 영역을 위주로, 때로는 이해와 표현 영역을 결합한 형태로 이루어진다. 일회성의 일제식 평가인 지필평가와 달리 오랜 시간에 걸쳐 학생의 성장을 관찰하고 과정과 결과를 모두 반영하는 장기간의 평가인 경우가 많다. 지역 교육청마다 다르긴 하지만 논술형 평가의 비중을 20~40% 범위로 실시하도록 권장하고 있어서 쓰기 영역의 수행평가가 가장 많은 편이다.

그렇다면 수행평가에는 어떤 능력이 필요할까? 첫 번째는 집중력이다. 하나의 수행평가를 완수하기 위해서는 모든 과정에서 집중력을 잃지 않아야 한다. 앞서 교육과정의 흐름에서 살핀 대로 앞으로는 학생이 주도적으로 역량을 키울 수 있는 활동이 확대될 예정이며, 수행 결과물뿐만 아니라 수업 시간에 이루어지는 모든 과정을 반영하는 '과정 중심 평가'가 강조될 것이다. 그런 만큼 수행 과정에서 선생님이나 동료(친구)가 주

표5. 수행평가의 영역과 내용

수행평가 영역	주요 평가 내용	실시 빈도	예시
이해 (듣기)	• 담화나 대화가 일어나는 상황, 주제, 세부 내용에 대한 이해 여부를 묻는 평가	중	EBS 중학 영어 듣기 능력 평가
이해 (읽기)	• 글이 다루는 주제, 글의 문맥, 세부 내용에 대한 이해 여부를 묻는 평가	하	객관식 문항이 아닌 읽고 서술하는 논술형 문항
표현 (말하기)	• 주어진 상황, 목적에 맞게 적절한 표현과 전략을 사용하여 말하는지 판단하는 평가 • 정확성(accuracy), 유창성(fluency), 명확성(clarity) 등을 모두 고려하여 총체적으로 평가	상	monologue, speech(담화) 혹은 dialogue(대화) 형태로 다양한 주제에 관해 말하기
표현 (쓰기)	• 주어진 주제, 목적에 맞게 적절한 표현과 문법 요소를 활용하여 글을 쓰는지 묻는 평가 • 문장이 문법적으로 적절한지(단어의 형태, 어순, 철자 등), 주제에서 벗어나지 않고 일관된 내용으로 글을 쓰는지, 제목이 적절한지, 채점 기준에 주어진 특정한 표현을 포함하였는지 등을 모두 고려하여 분석적으로 평가	최상	단어 재배열하기, 핵심 문법 요소가 들어가도록 영작하기, 주어진 조건에 맞게 에세이 쓰기, 빈칸에 들어갈 말을 적절한 표현이나 적절한 형태로 채우기 등
태도 (포트폴리오)	• 수업 시간에 이루어지는 다양한 활동 결과물, 학습일지(그날 학습한 내용 중에서 새로운 것, 더 알고 싶은 것 등에 대해 자기 언어로 정리한 일지) 등을 데이터화하여 수업 전반의 태도를 평가	상	수업 시간 활동지, 학습지, 영어 어휘 테스트 데이터, 학습 일지(learning log) 등

는 피드백을 적극적으로 수용하고, 더 나은 결과물을 만들기 위해 집중하고 노력하는 자세가 필요하다.

두 번째는 다양한 공동체 역량이다. 학생 개인의 활동뿐 아니라 동료(친구)와 모둠을 구성하여 모둠별로 활동한 내용을 평가하는 경우도 많기 때문이다. 여기에는 자신의 생각을 자신 있게 표현하면서도 다른 사람의 의견을 수용할 줄 아는 의사소통 역량, 서로 의견이 맞지 않아도 공동의 목표를 위해 조율할 줄 아는 협업 역량, 문제 상황에서 건설적인 대안을 만들어 해결해나갈 줄 아는 문제 해결 역량 등이 포함된다. 표에 들어 있는 수행평가의 영역과 내용을 정확하게 숙지해두길 바란다.

2장

내신 1등급과 수능 1등급 동시에 잡는 법

01

왜 영어를 공부하나요?

아이가 취학 전이거나 초등 저학년일 때까지만 해도 많은 부모가 영어 학습의 목표 1순위를 '유창한 말하기speaking'에 둔다. 외국인을 만났을 때 그저 피하기 바쁜 부모 세대와 달리 내 아이만큼은 원어민과 자연스럽게 소통하는 모습을 꿈꾸는 것이다. 그러나 아이가 학교에 입학하고 학년이 올라가면서 부모님들은 급격히 영어 교육의 방향을 선회한다. 아이가 학교 내신에서 좋은 성적을 받기를 희망하는 것이다.

부모뿐 아니라 아이의 상황도 달라진다. 내신 대비 학원에 가는 시점부터 많은 것이 변하기 때문이다. 이전까지 재미있게 영어를 배워 온 아이가 영어에 흥미를 잃는 것도 이때부터다. 수백 개의 단어를 단시간에 암기하고, 통과할 때까지 학원에 남아 반복 테스트를 거치고, 특정 문법 지식을 익히기 위한 목적으로 만들어진 비슷한 유형의 문제를 계속해서 풀고, 읽기 수준에 맞지도 않는 독해 문제를 습관처럼 해석하고…….

이 과정에서 영어를 좋아하던 아이는 어느 순간 '영어=암기 과목'이라는 생각을 하게 되고, 결국 기존에 갖고 있던 영어에 대한 긍정적인 감정은 부정적으로 바뀌고 만다. 시대는 변했는데 공부 방식은 그 변화를 반영하지 못하고 부모 세대에 했던 그대로 영어를 '학습'하게 한 결과다.

영어는 학문이기 전에 언어이기 때문에 배워야 할 내용이 따로 정해져 있지 않다. 학년별로 학습해야 할 범위와 단계의 구분도 모호하다. 다른 과목도 마찬가지겠지만 특히 영어는 목표가 무엇이냐에 따라 학습 방법도 달라져야 한다.

목표가 다르면 공부 방법도 다르다

여기서 잠깐, 그렇다면 부모들이 아이가 어렸을 때부터 영어를 학습시키는 이유는 무엇일까? 학부모로서 솔직하게 대답하자면 학교 내신과 수능 시험에서 상위 등급, 이왕이면 1등급을 받게 하기 위해서다. 그러면 처음부터 영어 학습의 목표를 학교 내신과 수능에서 고득점을 받는 것으로 잡고 그에 걸맞은 학습법을 선택해야 하지 않을까?

말하기는 필요한 시기에 특정 목표에 맞춰 집중적인 훈련을 거치면 잘할 수 있다. 공인인증 영어 시험 점수를 따는 것도 마찬가지다. 그러나 기초 영어 실력과 영어에 대한 감각은 하루아침에 길러지지 않는다. 따라서 아이가 초등학교에 입학한 다음부터는 생활 속에서 영어를 취미처럼 접할 수 있게 해줘야 한다. 이와 함께 내신과 수능이라는 두 마리 토끼를 다 잡을 수 있는 학습 방향을 설계해야 목표를 달성할 수 있다.

학교 내신 시험은 생활 속에서 영어로 보기, 듣기, 읽기를 통해 영어에 충분히 노출된 경우라면 교과 시간에 수업을 듣고 복습하는 것만으로도 좋은 결과를 얻을 수 있다. 중학교 영어 교육 과정은 글을 읽고 이해할 수 있는 문해력과 학교 수업을 따라갈 수 있는 학습력을 갖추었으면 크게 어렵지 않기 때문이다. 그러나 수능 시험에서 고득점을 얻을 수 있는 실력을 갖추기 위해서는 청해, 어휘, 문법, 독해 네 가지를 꾸준히 학습해야 한다. 이 네 가지 영역을 매일 조금씩 꾸준히 해야 수능 시험에서 만족할 만한 결과를 얻을 수 있다. 여기서 포인트는 '조금씩'이다. 매일 해야 할 학습량이 많으면 초반에 이미 지쳐서 지속하기가 쉽지 않다. 조금씩, 아쉬울 정도로 해야 매일 그리고 꾸준히 해나갈 수 있다. 영어는 감각을 익히고, 한번 익힌 감각을 잃지 않는 것이 중요하다. '가늘고 길게' 가야 하는 과목임을 잊어서는 안 된다.

청해, 어휘, 문법, 독해에서도 각 학교급별로 집중해야 하는 영역이 다르다. 먼저 초등학교는 듣기와 말하기 위주로 교육 과정이 편성되므로 청해에 집중하는 것이 유리하다. 중학교에서는 문법 지식을 기반으로 정확한 문장 독해가 강조되므로 문법을 숙지하는 데 가장 큰 비중을 두고 기초 어휘와 독해 기술을 조금씩 익혀두는 것이 좋다.(문법>독해>어휘) 고등학교에서는 이미 배운 기초 어휘와 문법지식을 기반으로 본격적인 문단 독해가 시작되므로 다양한 어휘를 학습하고 독해 연습을 반복하는 데 집중하면 된다.(독해〉어휘〉문법) 그럼 지금부터 내신과 수능을 동시에 잡을 수 있는 네 가지 키워드와 방법을 소개한다.

청해, 결코 무시할 수 없는 그 이름

영어 고득점 학생들이 의외로 학습 방법을 자주 물어보는 영역이 바로 청해다. 듣기 문제집을 수없이 풀었음에도 들리지 않아 실전에서 난감했다는 것이다. 이렇듯 단기간에 성적을 높이기 어려운 영역이 바로 듣기다.

듣기를 학교 내신과 수행평가에 반영하는지 여부는 학교마다 다르다. 그럼에도 관심을 놓아선 안 되는 이유는 수능에서 40문제 중 17문제가 듣기 평가로 출제되기 때문이다. 특히 시험 시작과 함께 이루어지는 듣기 평가에서 들리지 않는 부분이 많거나 오답률이 높아질 경우 남은 문제를 푸는 동안 멘탈이 흔들려 시험에 집중하기가 어려워진다. 듣기 실력 향상을 위한 네 가지 팁을 제시한다.

How_듣기 공부는 어떻게 할까?

❶ 기초 어휘와 사이트 워드sight word의 발음 익히기

기초적인 듣기가 어렵다면 기초 어휘의 발음을 익히는 것부터 시작해야 한다. 내가 알지 못하는 어휘의 발음은 절대로 들리지 않는다. 소리와 철자의 관계, 즉 파닉스를 이해했다고 해도 모든 단어의 발음을 알 수 있는 것이 아니다. 영어에서는 같은 철자라고 해도 단어마다 다른 소리를 내는 경우가 많기 때문이다. 예를 들어 'container'에서 c는 우리말의 '크' 발음을 내지만 'cinema'의 c는 '쓰' 발음을 낸다. 예외 규칙이 적용되는 경우도 많다. 'home'에서 h는 '흐' 발음을 내지만 'hour'에서 h는 아무런 발음을 내지 않는 묵음이다. 그렇기 때문에 파닉스를 익혔다고 안심할 게 아니라 각 단어가 어떤 소리를 내는지 직접 발음해보면서 사례 중심으로 익혀야 한다.

요즘은 발음 기호를 따로 가르치지 않는 추세다. 상황이 이렇다 보니 사전이나 단어장에서 단어의 발음 기호를 보고도 읽지 못해 교사에게 물어보는 학생들이 많다. 기초 어휘의 발음을 익히기 위해서는 철자와 의미뿐 아니라 발음까지 익히는 것이 중요하다. 요즘에는 인터넷에 단어를 검색하면 해당 단어의 발음 기호뿐 아니라 발음까지 들을 수 있다. 미국, 영국, 호주, 인도 등 다양한 영어권 국가의 악센트accent를 살린 발음이다. 새로운 어휘를 배우거나 모르는 어휘가 나온 경우에는 반드시 인터넷 사전 등을 통해 발음을 확인하는 습관을 들여놓는 것이 좋다.

❷ 눈으로 읽으며 귀로 듣기

어휘의 발음을 힘들이지 않고 익힐 수 있는 가장 좋은 방법은 '눈으로 읽으며 귀로 듣기'다. 눈으로 읽으며 귀로 듣는 동안 아이의 머릿속에서는 문장 속에서 각각의 단어가 어떻게 발음되는지, 어떤 의미로 사용되는지, 철자와 발음 간의 관계(파닉스)는 어떠한지 등을 파악하는 과정이 이루어진다. 좋아하는 책 한 권을 골라 매일 20분씩 음원을 들으며 눈으로 따라가는 연습을 하거나 좋아하는 팝송을 가사와 함께 듣는 취미를 가져 보는 것도 좋은 방법이다.

요즘은 인터넷 검색창에 제목만 입력해도 팝송의 음원과 가사가 줄줄이 나온다. 노래에 맞춰 가사의 해당 단어에 표시가 되어 발음과 단어를 쉽게 연결 지을 수 있게 해주는 동영상도 넘쳐난다. 동화를 읽어주면서 같은 화면에 문장과 영상(그림)을 동시에 보여주는 시청각 자료를 제공하는 영어 학습 사이트를 활용하는 것도 추천한다.

❸ 일상에서 영어 듣기 인풋 양 확보하기

'눈으로 읽으며 귀로 듣기'와 함께 강조하고 싶은 것이 다청을 통해 듣기 인풋 양을 확보하는 것이다. 한글 습득과 마찬가지로 영어도 듣기 양이 충족되어야 말하기, 읽기, 쓰기로 영어 실력이 이어진다. 어릴 때 아이의 말을 빨리 트게 하고 싶은 마음에 옆에서 끊임없이 말을 걸고 이야기를 들려준 것처럼 영어도 특정 수준으로 실력을 끌어올리기 위해서는 최대한 많이 듣는 것이 중요하다.

영어 듣기 음원은 쉽게 구할 수 있다. 인터넷에 무료로 제공되는 영어 학습 자료도 많고, 휴대전화 어플만 이용해도 언제든 가능하다. 나는 EBS 라디오를 휴대전화로 들을 수 있는 '반디'와 오디오로 책을 읽어주는 '윌라'를 애용했다. 아이가 어렸을 때는 CD가 부록으로 달린 책을 구해서 보여주었고, 이후에는 좀 더 수준 있는 듣기 연습을 할 수 있도록 다양한 어플리케이션을 검색해 활용했다. 우리 아이는 '반디' 앱을 통해 나오는 EBS 라디오 방송은 수업처럼 진행되는 방식이어서 그런지 큰 흥미를 보이지 않았다. 하지만 오디오북과 전자책을 읽을 수 있는 '윌라'는 틈틈이 활용했다. 식당에서 주문한 식사가 나오기를 기다리는 시간이나 등교 전 잠깐 짬을 내어 듣게 했는데, 덕분에 시간 활용은 물론 실력 유지에도 도움이 되었다.

부모가 시키지 않아도 아이 스스로 이 과정을 주도하도록 만드는 방법이 있다. 주도성을 키우기 위한 세 가지 요소인 선택choice, 목소리voice, 주인 의식ownership을 활용하는 것이다. 아이가 자신의 흥미를 반영하여 무엇을 들을지 직접 선택choice하도록 하고, 들은 것을 상대에게 설명해 보면서 목소리voice를 낼 기회를 주고, 기록표에 스스로 기록하도록 하여 주인 의식ownership을 갖도록 돕는 것이다. 주도성을 길러주면 아이는 영어를 듣는 활동을 즐기게 되고, 영어 듣기는 자연스럽게 생활 속 습관으로 자리 잡는다.

❹ 문제집으로 듣기 전략 익히기

마지막 방법은 듣기 평가 문제 풀이를 통해 실전 감각을 키우는 것이다. 모든 시험 대비의 출발은 기출 문제 분석이다. 기존 출제 유형의 파악을 위해 수능 기출 문제나 EBS 중학 영어 듣기 능력 평가에 나왔던 문제를 먼저 풀어보고, 그래도 부족하다는 생각이 든다면 문제집을 풀어보는 것이 좋다.

- **목적에 따른 듣기:** 일반적인 청취가 아닌 문제를 풀기 위한 목적의 듣기이므로 문제가 요구하는 정보에 주의를 기울여 듣는 '목적에 따른 듣기' 전략을 써야 한다.

- **1회 분량 한 번에 풀기:** 듣기 문제를 풀 때는 듣기 평가 1회 분량을 멈추지 않고 연습하는 것이 실전 감각을 익히는 데 유리하다.

- **문제와 답지 미리 읽어보기:** 문제와 문제 사이 시간에 미리 다음 문제를 읽어보고, 가능하다면 답지까지 미리 읽어두어야 한다. 그러면 사전에 문제에 대한 배경지식을 가지고 문제를 풀 수 있다. 미리 답지를 보고 대화 내용을 예상한 상태에서 대화 내용을 들으면 정답률이 확실히 올라간다.

- **오답 원인 파악하기:** 1회 분량을 풀고 난 뒤에는 곧바로 채점을 해보고 어떤 부분이 들리지 않아서, 또 잘못 들어서 오답이 나왔는지를 분석해봐야 한다. 이것은 다른 사람이 대신해줄 수 없는, 아이 스스로 해야 하는 부분이다.

- **나만의 청해 단어장 만들기:** 특정 단어를 알아듣지 못했다면 그 어휘를 단어장에 옮겨 '나만의 청해 단어장'을 만든다. 한번 알아듣지 못한 단어는 다음에도 또 들리지 않을 가능성이 크다. 나만의 청해 단어장을 틈틈이 외워두는 전략은 매우 효과적이다.

- **눈으로 읽으며 귀로 듣기:** 오답을 고른 문제는 반드시 '눈으로 읽으며 귀로 듣기'로 복습한다. 여유가 된다면 듣기 평가 1회 분량 전체의 대본script을 보면서 '눈으로 읽으며 귀로 듣기' 연습을 하는 것도 좋다. 어휘의 발음, 문장 속 연음, 청해 영역에 자주 등장하는 어휘들을 익힐 수 있는 좋은 학습 자료다.

- **같은 문제집 반복해서 풀기:** 처음 문제를 풀 때는 다른 곳에 따로 정답을 적으면서 풀고, 한 권을 다 풀고 난 뒤에는 다시 한 번 풀어본다. 2회를 풀었을 때 완벽에 가까운 정답률이 나온다면 다음 단계로 넘어가도 좋다. 반대로 그럼에도 오답률이 높다면 다른 문제집을 풀기보다 같은 문제집을 반복해서 풀어보는 것이 더 효과적이다.

When_듣기 공부는 언제 할까?

평소에는 앞의 ❶~❸의 방법으로 일상에서 영어에 계속 노출될 수 있도록 하는 것이 중요하다. 그러면서 방학이나 주말을 이용해 ❹번처럼 듣기 평가 기출 문제나 문제집을 매일 1회씩 풀어두면 듣기 문제 출제 유형을 파악하는 데 도움이 될 것이다.

What_듣기 평가 문제집은 어떤 것을 골라야 할까?

듣기 평가 음원은 원어민의 실제적인 대화가 아니라 대본을 만들어 녹음한 것이기 때문에 일반 대화 속도보다 느리고 발음도 명확한 편이다. 따라서 평소에 영어 듣기로 충분히 듣기 인풋 양을 채운 경우라면 현재 학년보다 2~3년 높은 학년의 문제집을 골라도 된다. 학년이 올라가더라도 음원 속 말하기 속도는 크게 빨라지지 않으므로 듣기 연습을 위해서는 현재 학년보다 한 학년 정도 위의 문제집을 선택하는 것이 좋다.

03

어휘, 영어 실력의 처음과 끝

'단어를 안다'는 것은 그 단어의 생김새(철자), 발음, 뜻(의미) 세 가지를 모두 안다는 것을 의미한다. 어휘를 암기하기 위해 아이들은 목록에 있는 단어의 철자를 외우고, 발음을 익히고, 의미까지 한 번에 저장하기 위해 애쓴다. 자주 쓰거나 쉬운 단어라면 모를까 뜻도 내용도 어려운 어휘를 철자, 발음, 그리고 의미까지 한꺼번에 외우는 것은 어려운 일이다. 재미도 없을뿐더러 그 단어가 어떤 맥락에서 어떤 뉘앙스로 쓰이는지 모른 채 단순히 암기만 해서는 영작할 때 제대로 활용할 수도 없다.

하지만 일상에서 영어에 노출된 아이는 어휘 목록을 따로 외울 필요가 없다. 이미 영어로 보기와 듣기를 통해 다양한 어휘의 발음과 의미를 알고 있고, 영어로 읽기를 통해 철자까지 연결 지어 알고 있기 때문이다. 단원평가나 수행평가를 위해 단어를 외워야 할 때도 주어진 어휘 목록을 쭉 한 번 읽어보면서 알고 있는 지식을 명시적으로 정리해주기만 하면 된다. 철자와 뜻, 발음을 연결해 달달 외우는 것과 평소에 접해서 이미 알고 있는 단어를 머릿속으로 명료화하는 것 둘 중에 어느 것이 더 수월할지는 충분히 예상할 수 있을 것이다. 우리 아이의 경우 초등학교 6학년 때부터 중학교 기초 어휘를 중심으로 단어 목록을 한 번씩 쓰면서 어휘를 정리했다. 이미 책과 영화를 통해서 어휘의 발음과 뜻, 철자를 익혀둔 덕분인지 목록을 읽고 써보는 것만으로도 금방 암기할 수 있었다.

단어가 잘 외워지지 않는다며 효과적으로 외울 수 있는 방법을 묻는 아이들에게 내가 알려준 네 가지 방법을 소개한다. 어휘를 익힐 때도 듣기-읽기-쓰기의 순서를 따르면 수월하다.

How_어휘 공부는 어떻게 할까?

❶ 생활 속 영어 노출 습관 유지하기(듣기)

어휘를 암기하는 가장 좋은 방법은 평소에 영어에 자주 노출되는 것이다. 하지만 생활 속에서 대화를 통해 영어를 접하는 것은 EFL 환경인 우리나라에서는 거의 불가능하고, 일상 대화에서는 제한된 어휘들만 익히게 된다는 한계가 있다. 반면에 영어로 된 영상물(영화, 만화, 드라마, 다큐멘터리 등)이나 음원(라디오, 팝송, 이야기책 등), 읽기 자료(책, 잡지, 신문, 인터넷 매체 자료 등)는 제한이 없다. 다양한 소재와 상황을 다루기 때문에 효과도 좋다. 일상에서 영어 노출 습관을 통해 보기, 듣기, 읽기를 꾸준히 해나가는 것이 어휘 암기의 시작이다.

❷ 어휘 목록 음원 반복 청취하기(듣기)

평소에 영어로 보기, 듣기, 읽기를 통한 노출이 충분하지 않은 상황에서 단기간에 어휘를 익히고 싶다면 어휘 목록을 읽어본 뒤에 해당 음원을 반복적으로 듣는 방법을 추천한다. 음원은 어휘의 사용 예시가 담긴 예문이 함께 나오는 것이 좋다. 발음과 품사, 의미, 예문을 차례로 듣다 보면 발음과 의미를 연결된 형태로 기억하기 쉽기 때문이다. 예문을 통해 단어가 문장 속에서 어떤 식으로 사용되는지도 익힐 수 있다. 따로 시간을 내기보다는 등교를 준비하는 시간이나 간식 먹는 시간, 차를 타고 이동하는 시간 등 자투리 시간을 활용해 들을 것을 권한다. 어휘 목록 듣기를 통해 어휘를 익히면 청해력까지 높일 수 있어 일거양득이다.

❸ 어휘 목록 하루 4번 읽기(읽기)

단어 목록 읽기도 추천한다. 정확하게는 하루에 4회(아침, 점심, 저녁, 자기 전) 읽는 방법이다. 어휘를 암기한다는 것은 어휘의 발음과 의미, 철자를 익히는 것인 만큼 어느 정도 단어의 소리와 의미에 익숙해졌다면 이제 눈으로 읽으면서 철자에 익숙해져야 한다. 영어 노출 습관을 통해 어휘력을 키운 경우라 할지라도 단어 목록을 읽다 보면 더 명확하게 정리된다.

여기서 포인트는 어휘 목록을 '읽어보는' 것이다. 보통 단어를 암기하라고 하면 곧바로 어휘를 쓰면서 암기하는 경우가 많은데, 쓰기 이전에 시간 간격을 두고 하루에 3회 이상 읽는 것을 추천한다. 외워지지 않는 어휘를 30분간 쓰면서 외우는 것보다 10분씩 하루 3회 눈으로 익히는 것이 훨씬 효과적이다.

❹ 단어 쓰기는 맨 나중에, 그렇지만 확실하게(쓰기)

학교에서 치르는 어휘 평가 대비를 위해 철자까지 암기해야 하는 경우라면 단어 목록을 직접 써보는 방법이 좋다. 이때도 듣기-읽기-쓰기의 순서를 지키는 것이 중요하다. 어휘를 충분히 듣고 읽어서 익힌 뒤에 마지막으로 철자 쓰기를 연습해야 효과적이다.

쓰기 연습은 어휘의 철자를 정확히 확인한 뒤에 해야 한다. 아이들이 가장 어려워하는 논술형 평가를 시행해보면 상위권 학생들은 대부분 문장을 문법적으로 바르게 작성하고 관사(the와 같은 정관사, a/an과 같은 부정관사)나 주어-동사의 수 일치시키기 같은 지엽적인minor 문법적 오류를 보인다. 반면 중하위권 학생들은 기초적인 철자 오류를 범하는 경우가 많다. 따라서 어휘 쓰기를 할 때는 마치 초등학교 1학년 때 한글 받아쓰기를 했던 것처럼 정확하게 해야 한다. 대소문자의 구분, a/e/o처럼 모양이 비슷한 알파벳 정확하게 쓰기, b와 d 구분해서 쓰기 등 기본에 신경 써야 한다.

❺ 나만의 단어장 만들기

앞서 청해 부분에서 한번 알아듣지 못한 단어는 다음에도 또 들리지 않을 가능성이 크다고 했다. 어휘도 마찬가지다. 한번 외워지지 않는 단어는 다음에도 기억나지 않을 가능성이 크다. 역시나 '나만의 단어장'을 만들어 정리하고, 틈날 때마다 들여다보면 약점을 강점으로 만들 수 있다.

When_어휘 공부는 언제 할까?

어휘 목록을 정리하여 학습하는 과정은 인풋input 양을 충분히 채운 뒤에 이루어져야 한다. 앞서 언급했듯이 영어는 수학이나 과학과 달리 다양한 사례를 통해 표현을 습득acquire하는 귀납적 방식이 효과적인 과목이다. 처음부터 맥락 없이 단어 목록만 봐서는 효과도 없을뿐더러 자칫 영어에 흥미를 잃을 수도 있다. 그러므로 일상에서 영어를 충분히 보고 듣고 읽은 뒤에 아이와 의논하여 필요성이 느껴질 때 시작하는 것이 좋다. 따지고 보면 수능은 학생들이 한 번도 접한 적 없는 지문을 읽고 문제를 풀어내는 문해력을 테스트하는 시험이다. 따라서 모르는 어휘가 있더라도 읽거나 듣는 연습을 통해 이야기를 파악하는 연습이 중요하다. 어휘 목록은 영어 영상과 책 노출을 최소한 3~4년 정도 한 뒤에 천천히 접해도 늦지 않다.

듣기와 마찬가지로 어휘도 감각을 잃지 않는 것이 중요하다. 평소에 영어 자료를 많이 접하고, 필요하다면 중학교 이후부터는 하루 30~40개

정도의 어휘를 매일 볼 것을 추천한다. 단어집 한 권에 60일 분량의 어휘 목록이 들어 있다고 치면 주말을 제외하고 3개월이면 한 권을 완독할 수 있다. 그런 다음에는 모르는 어휘의 개수에 따라 같은 책을 반복하거나 다음 책으로 넘어가면 된다. 1회(하루) 분량의 어휘 목록 중에 모르는 것이 몇 개인지를 기준으로 3개 미만이면 다음 책으로 넘어가고 4개 이상이라면 한 번 더 복습하는 것이 효과적이다.

What_어휘 목록은 어떤 것을 골라야 할까?

초등학교 3학년이 되면 교과 과목에 '영어'가 들어온다. 학교에서 정식으로 '영어'를 배우기 시작하면서 아이들도 본격적인 '영어 학습'에 들어간다. 초등 영어 교과서는 주로 듣기와 말하기 위주로 구성되어 있으며, 단원별로 몇 가지 핵심 단어들이 나온다. 초등학교 때는 교과서에 나오는 핵심 어휘들을 정확히 읽고 쓸 수 있는 정도로만 어휘를 익히면 된다. 욕심을 내서 중학교 수준의 어휘를 공부한들 다 이해하기도 어렵고, 무엇보다 고등 어휘력이 필요한 수능 시험 때까지 기억하기가 쉽지 않다. 오히려 영어를 어려운 걸로 오해하게 만들 수 있으니 학령 수준에 맞추는 것이 좋다. 수준을 뛰어넘는 어려운 어휘를 암기함으로써 얻는 이익보다 잃는 것이 더 많다는 이야기다. 학교에서 사용하는 영어 교과서의 단어 목록을 중심으로 학습하되 학습의 구멍이 생기지 않도록 하는 데 주력해야 한다.

중학교 이후부터는 다음 학년의 단어 목록을 예습 삼아 미리 정리해 두길 권한다. 초등학교 6학년 말에 중1 수준의 어휘를, 중학교 1학년 때 중2 수준의 어휘를 예습하는 식이다. 일견 단어, 즉 한번 들어본 단어가 많을수록 수업을 따라가기가 수월하다.

어휘 목록을 고를 때는 적절한 예시문과 품사별 파생어가 잘 정리된 책을 선택하는 것이 좋다. 또 학년이 올라갈수록 반의어와 동의어를 함께 공부하는 것이 효과적이다. 반의어와 동의어를 알고 있으면 지문을 읽고 요약문을 채우거나 같은 내용을 다른 말로 바꿔 쓴paraphrase 지문을 이해할 때 도움이 된다. 기초 어휘 실력이 탄탄한 상태에서 관련 어휘까지 다양하게 정리되어 있으면 영어 수업 시간에 지루할 틈이 없다. 정확성에 유창성까지 갖춘 상태라면 문법적으로도 적절하고 창의적인 영작을 해낼 수 있다.

04

문법,
고급 영어의 필수 조건

어려운 한자 용어 때문에 학생들이 가장 어려워하는 부분이자 학교 내신 시험에서 변별력 있는 킬링 문제로 자주 출제되어 아이들을 끊임없이 괴롭히는 영역, 바로 문법이다. 초등학교 영어는 듣기와 말하기를 기반으로 한 의사소통 중심의 교육 과정이다. 그러나 중학교 영어는 읽기, 쓰기를 기반으로 하며, 문법 지식을 바탕으로 문장을 정확히 해석하는 독해력, 문법적으로 정확한 문장을 쓸 수 있는 영작 능력을 목표로 한다. 이는 고등학교 이후에 긴 글을 읽어낼 수 있는 문해력과 유창한 글쓰기를 위한 기반이 된다. 이런 이유로 중학교 영어 교육 과정에서는 문법이 중요하고 비중 있게 다루어진다.

문법이 중요한 두 번째 이유는, 우리나라는 외국어로서 영어를 배우는 환경이라는 데 있다. 즉 기본 문법 체계를 알아야 효과적인 학습을 할 수 있다. 1970년대 초반 스티븐 크라센Stephen Krashen 박사가 발표한 '인풋 이론Input Hypothesis'이 널리 알려진 뒤로 언어를 학습learning이 아닌 습득acquisition해야 하는 것으로 생각하는 사람들이 많아졌다. 크라센 박사는 학습자의 수준에 맞는 '이해할 수 있는 인풋comprehensible input'과 재미를 목적으로 한 '폭넓은 독서extensive reading for pleasure'를 제공하면 영어를 자연스럽게 습득할 수 있다natural approach고 강조하며, 문법 학습은 필요가 없다고 말했다. 그리고 실제로 많은 연구에서 밝혀냈듯이 어린 시절부터 영어를 모국어(제1 언어)로 습득하면 문법 학습 없이도 완벽한 언어를 구사할 수 있다.

하지만 영어를 제2언어로 배우는 성인의 경우 영어권 환경에 있다 하더라도 문법을 제대로 모르면 언어 사용에 지속적인 오류를 보일 수밖에 없다. 미취학 아동부터 초등 6학년까지의 영어 학습자는 영어에 대한 노출만으로도 영어를 학습할 수 있다. 그러나 그 이후의 어른 학습자가 일정 수준의 영어 실력을 만들기 위해서는 명시적인 문법 학습이 필수적이다. 내 경험에 비추어볼 때 학생들은 문법 학습을 통해 두 언어를 비교, 분석하면서 영어 문장의 구조를 이해하고 각 어휘가 문장 안에서 어떤 의미를 갖는지 이해한다.

이러한 이유로 학생들은 중학교 이후부터 본격적으로 문법을 공부하게 된다. 먼저 교과서별로 각 단원의 주요 문법 요소 두세 가지를 배운다.

그런 다음 해당 문법 요소가 포함된 교과서 지문을 읽고, 마지막으로 연습 문제를 풀면서 문법 규칙을 문장에 적용하는 연습을 한다.

대부분의 영어 학습에서는 다양한 예시를 먼저 접하고 규칙을 유추하는 귀납적 방법이 효과적이다. 하지만 문법 영역에서는 반대로 접근하는 것이 좋다. 문법 규칙을 먼저 제시하고 예시에 적용하는 연역적 방식이 더 효과적이다. 그래서 학교에서 문법을 지도할 때도 수학에서 공식을 먼저 이해하게 한 다음 그것을 적용하는 문제를 풀게 하는 것처럼, 주요 문법 내용을 먼저 알려준 뒤에 예시를 보며 분석하는 방식으로 지도한다. 문법 요소는 명시적으로 제시하는 것이 암묵적으로 제시하는 것보다 훨씬 효과적이기 때문이다.

여기서 오해하지 말아야 할 것은, 문법 학습을 시작했다고 해서 영어로 보고 듣고 읽는 일상 속 영어 노출 습관이 더 이상 필요 없는 것은 아니라는 것이다. 많은 학자가 문법 요소의 명시적인 제시와 연습은 시작에 불과하고, 실제적인 맥락에서의 인풋이 훨씬 더 많이 제공되어야 한다고 말한다. 중학교 이후에도 꾸준한 독서를 통해 문법 요소가 적용된 사례를 다양하게 접해야 완전한 이해에 이를 수 있다. 문법 지식을 배웠다는 것은 첫 단추를 끼운 것일 뿐 학습한 지식을 일상에서 여러 번 반복해야 비로소 내 것으로 만들 수 있다. 문법 학습을 통해 영어의 체계를 잡았다면 이후에는 다양한 읽기 경험을 통해 이것을 내면화해야 한다는 사실을 잊지 말자.

How_문법 공부는 어떻게 할까?

❶ 수업 시간에 문법 설명 열심히 듣기

학교 수업 시간에 배우는 단원별 문법 요소는 그 단원의 학습 목표다. 영리한 학생들은 교과서 맨 앞에 나오는 핵심 문법과 핵심 표현을 먼저 읽어 본다. 핵심 문법과 표현을 익히도록 만들어진 글이 교과서 지문이기 때문이다. 각 단원의 학습이 끝날 즈음 학생들은 핵심 문법과 표현을 완전히 익혀야 한다. 선생님의 핵심 문법 설명을 집중해서 듣고 규칙을 숙지하여 적용할 수 있는 능력을 갖추는 것이 중요하다.

영어에 숙달하기 위해 알아야 할 문법 요소는 수없이 많다. 단어 철자 사용법부터 문장 구성 요소, 단어의 품사별 위치, 그리고 복잡한 문장 구조까지 다양한 문법 지식을 갖춰야 오류 없는 문장을 만들 수 있다. 이런 다양한 요소 중에서 학생들이 꼭 알아야 하거나 실수하기 쉬운 문법으로 구성된 것이 핵심 문법이다. 선생님의 설명을 들으면서 꼼꼼하게 필기하고 충분한 시간을 들여 이해하는 것이 문법 학습의 첫걸음이다.

중학교 1학년은 영어 문장 구조를 이해하는 데 필요한 기초적인 문법 내용을, 2학년은 독해와 영작에 필요한 핵심 문법 내용을, 3학년은 고급 독해와 영작을 위한 고난도의 문법 내용을 배운다. 다행인 것은 중학교 3년간 배운 문법 내용이 고등학교에서도 그대로 활용된다는 점이다. 고등학교에서는 중학교 때 배운 내용을 기본으로 하여 좀 더 심화된 내용을 학습한다. 중학교에서 숙지한 문법 지식은 중고등학교 내신 시험뿐 아니라 수능에서도 정확한 독해력을 갖추는 기반이 된다는 사실을 잊지 마라.

❷ 영어 지문에서 내가 배운 문법 요소 찾아보기

내신 시험 대비로 공부할 때 학생들에게 강조하는 것이 있다. 교과서 지문을 통째로 외우려 하지 말고 그동안 배워서 알게 된 문법 요소를 찾아 동그라미로 표시하며 읽어보라는 주문이다. 교과서 지문을 외우는 것은 시험이 끝나고 나면 잊히는 단기 기억에 저장된다. 이와 달리 내가 알고 있는 문법 규칙을 지문에서 찾아보는 것은 스스로 영어 지문을 분석하는 눈을 키우는 과정으로, 짧게는 내신 시험에서 길게는 수능 시험까지 이어지는 장기 기억에 저장된다. 지문 속에서 문법 요소가 올바르게 사용된 예시를 동그라미 표시하는 과정에서 아이는 올바른 문장을 가려내는 분석적 시야를 갖게 된다. 이 문법적 틀을 통해 문법성을 판단하는 문제 풀이뿐만 아니라 길이가 긴 지문도 스스로 분석하고 독해할 수 있는 문해력을 기를 수 있다.

❸ 문법 문제집 처음부터 끝까지 스스로 한 권 끝내기

학교 영어 시간에는 영어라는 언어 체계를 작은 단위로 나누어 접하게 된다. 그러나 영어라는 언어는 하나의 완성된 체계이지 분리된 것이 아니다. 영어를 전체적인 맥락에서 이해하고 싶다면 자신의 수준에 맞는 문법 문제집을 정해 처음부터 끝까지 제대로 한 권을 풀어보는 것이 좋다. 조각조각 나누어진 머릿속 문법 지식을 하나로 연결하여 나무가 아닌 숲을 보는 것이 중요함을 잊지 마라.

When_문법 공부는 언제 할까?

문법에 어려움을 느끼는 학생들에게 나는 이렇게 조언한다. 평소에는 청해, 어휘, 독해 중심으로 공부하다가 방학을 이용해 문법책 한 권을 정리하면 누구도 대신할 수 없는 영어 자신감이 생길 거라고 말이다. 작게 나눠진 학습 내용을 하나로 연결하여 체계화하면 머릿속에 영어를 이해하고 표현하는 틀이 자리 잡기 때문이다. 중상위권 학생이라면 스스로 한 권을 정해 매일 한 장씩 내용을 읽고 문제집을 풀어보는 방법을 권한다. 스스로 하기 힘든 하위권 학생이라면 인터넷 강의 등을 통해 설명을 먼저 듣고 문제를 풀어보는 것이 좋다.

What_문법책은 어떤 것을 골라야 할까?

기초적인 영어 문장 구조에 대한 이해를 갖추지 못한 초급 학습자는 중학교 1학년 문법책을 풀어볼 것을 권한다. 단어의 품사, 문장의 성분 등 다소 딱딱한 한자 용어들이 나와 어렵고 지루하게 느껴질 수도 있지만 기초를 모르면 이후 나오는 문법 내용을 이해하는 데 어려움이 있으므로 반드시 정리하고 넘어가야 한다.

기초적인 내용은 알고 있지만 독해에 필요한 핵심 문법에 대한 이해가 부족한 중급 학습자는 중학교 2학년 문법책을 정리해보길 추천한다. 중학교 2학년은 추후 영어 실력의 성패를 가른다고 봐도 좋을 시기로, 이때 중요한 내용을 가장 많이 다룬다. 따라서 학년에 상관없이 문장 해석과 영작의 기틀을 다지고 싶다면, 하지만 시간이 부족해 딱 한 권만 공부해야 한다면 중학교 2학년 수준을 학습하는 것이 가장 효과적이다. 문법을 숙지하고 있으나 심화 내용을 포함하여 복습하고 싶은 경우라면 중학교 3학년 문제집을 골라 풀면 된다.

특정 출판사나 특정 문법책을 추천해 달라고 하는 아이들이 많은데, 나는 스스로 학습하기 좋은 '만만한' 문법책이 좋은 책이라고 생각한다. 문법책을 독학하려면 일단 하루 학습량이 과하지 않아야 한다. 정리된 핵심 문법을 읽고 연습 문제를 풀어볼 수 있는 것을 고르되, 유사한 유형의 문제가 지나치게 많은 것은 피하는 것이 좋다. 전체 내용을 정리하는 것이 목표인 만큼 문제를 푸는 데 급급해 중간에 지치기라도 하면 한 권을 끝내기는커녕 영어에 대한 부정적인 감정만 더 키울 수 있기 때문이다. 구성 방식이나 디자인 등을 고려하여 학습자 본인이 기분 좋게 한 권을 끝내고 성취감을 느낄 수 있는 분량의 문제집을 고르는 것이 요령이다.

05

독해, 진짜 영어 실력을 가르는 핵심

내신 시험과 수능 시험에서 가장 비중 있게 다루어지는 영역이자 모든 영어 학습의 종착지, 바로 '독해'다. 내신 시험에서는 독해 외에도 어휘와 문법 문제가 적절히 섞여 출제되지만 수능에서는 독해 문제 위주로 출제되기 때문에 그만큼 중요하다. 어떤 학습자가 대학에서 공부할 수 있는 수준의 영어 능력을 갖추었는지를 가장 쉽게 판단할 수 있는 영역도 바로 '독해'다. 수능 시험에서 영어가 절대 평가로 되면서 학생들이 독해 공부에 소홀한 경향이 있지만 난도가 상당히 높은 킬링 문제도 출제되므로 절대 소홀히 해서는 안 된다.

독해는 청해와 마찬가지로 영어를 이해하는 감각과 관련 있어서 결코 단시간에 숙달할 수 없다. 특히 고등으로 갈수록 단순 해석이 아닌 제시문 전체에서 전달하는 메시지를 파악하거나 추론하는 문제가 많이 출제된다. 따라서 꾸준한 독서로 독해력을 키우는 동시에 긴 호흡의 글을 읽고 필자의 의도를 파악할 수 있는 문해력을 갖추는 것이 중요하다. 지금부터 독해력 향상을 위한 방법을 소개한다.

How_독해 공부는 어떻게 할까?

❶ 영어 독서 습관 유지하기

우리나라의 중학교 영어 수업 시간은 주당 3~4시간이며, 문법 학습을 기반으로 한 정독intensive reading에 초점을 맞추어 진행된다. 1년 동안 영어 교과서 한 권을 배운다고 가정했을 때 교과서에 들어 있는 지문의 양을 합치면 챕터북 한 권 분량보다 적다. 다독의 효과를 아는 많은 영어 교사들이 수업 시간에 영어 독서 교육을 실천하기 위해 노력한다. 그러나 영어책을 읽어본 경험이 많지 않은 아이들이 대부분이라 몰입하기는 쉽지 않다. 읽은 책의 내용을 시험 범위에 반영한다고 하면 참여도가 높아지겠지만 대부분 영어 독서를 달가워하지 않는 실정이다.

영어를 일상에서 사용하지 않는 우리나라에서 영어를 꾸준히 접할 수 있는 방법은 다독과 다청뿐이다. 어릴 때부터 영어 독서 습관을 유지해온 아이는 큰 어려움 없이 수업을 따라갈 수 있으며, 이 습관을 유지할 경우 고등학교 이후까지도 스스로 읽을 수 있는 문해력을 키워나갈 수 있다.

영어 독서 습관을 들이면 어휘를 굳이 따로 공부하지 않아도 된다. 영어 실력을 수준급으로 높일 수 있는 가장 효과적인 방법은 독서라는 이야기다. 특히 문법 수업 이후에는 다독을 통해 여러 사례를 접하고 자신의 것으로 내면화하는 과정이 필요하다. 그렇지 않으면 학교에서 배운 지식 따로, 실제 생활에서 활용하는 영어 실력 따로인 기존의 현실을 답습하게 된다.

어릴 때 영어 독서 습관을 들여놓아야 하는 이유는 명확하다. 중간에 멈추면 실력이 후퇴하는 영어 과목의 특성 때문이다. 영어 독서를 공부가 아닌 하나의 취미로 인식해야 한다. 영어책을 읽을 때 독서 레벨을 올리는 것보다 중요한 것은 재미있는 읽기 경험을 심어주는 것이다. 흥미롭다는 생각이 들면 아이는 다음번에도 영어책을 집어든다.

초등학교 고학년이 되었다고 해서 수준 높은 책을 읽어야 한다는 원칙은 없다. 중학교 1학년까지는 교과서 읽기 수준이 그다지 높지 않기 때문에 중학교에 들어가기 전까지 영어책에 흥미를 느끼고 읽을 수 있는 정도면 충분하다. 렉사일Lexile 지수나 AR 지수 등 다양한 읽기 지수 중에서 직관적으로 알 수 있는 AR 지수를 통해 설명하면, 우리나라 중학교 영어 교과서 수준은 AR 지수 3, 4점대이다. 미국 초등학교 3, 4학년 수준이라고 보면 된다. 우리는 영어를 모국어가 아닌 외국어로 배우기 때문에 초등 시절에는 기초 어휘와 회화 중심으로 익히다가 중학교에 들어가서야 본격적으로 읽기 학습을 시작한다. 중학생 아이가 AR 3, 4점대 책을 스스로 읽고 이해할 수 있다면, 다시 말해 미국 초등학교 3, 4학년 수준의 읽기만 가능하다면 그 이후에는 독해력이 성장하는 것과 더불어 더 어려운 지문도 읽어낼 수 있다. 중요한 것은 아이가 재미있는 독서 경험을 통해 글을 읽고 스스로 이해하는 역량, 어려운 어휘나 모르는 어휘가 나와도 '모호함을 이겨내는 용기'를 가지고 끝까지 읽어내는 문해력을 갖추는 것이다.

❷ 독해 지문 매일 풀기_1일 1지문, 문제당 1분 30초

독해 역시 '감'이 중요하므로 매일 독해 지문 1개씩을 읽고 문제를 풀 것을 추천한다. 국어도 마찬가지다. 국어 교사에게 국어 영역 잘하는 방법을 물어보면 매일 국어 독해 문제를 풀라고 말한다. 여기서 중요한 것은 꾸준함이다. 하루에 독해 지문 5개를 풀고 일주일 동안 영어 공부하지 않는 것보다 매일 독해 지문 1개씩을 꾸준히 푸는 것이 중요하다. 욕심내지 말고 하루에 1개만 풀자. 그래야 꾸준히 해나갈 수 있다.

독해 문제를 풀 때는 수능 시험 시간에 맞춰 지문 1개당 1분 30초 안에 답을 내는 것이 좋다. 어떻게든 풀어보겠다고 5분 이상 같은 지문을 반복해서 읽기보다 알고 있는 기술을 총동원해서 시간 안에 답을 내는 연습을 해야 한다. 그런 다음 채점하고, 이해되지 않았던 문장을 어떻게 해석하는지 해설지를 보면서 분석하는 과정을 거친다. 여유가 있다면 지문 전체를 영어와 한글로 비교하면서 읽어보는 것도 좋다. 그런 다음에는 모르는 어휘를 나만의 단어장에 정리하여 틈날 때마다 외운다.

❸ 독해 기술 익히기

학생들이 문해력을 키울 수 있도록 내 도움 없이 처음 보는 지문을 스스로 분석해서 발표하게 하는 방식을 쓰곤 한다. 경험해 보니 아이들마다 지문을 대하는 태도가 다르고, 그 태도가 독해력을 좌우한다는 생각이 들 때가 많다. 자신이 알고 있는 어휘를 조합하여 스스로 해석해보려고 하는 아이가 있는 반면 처음 보는 지문에 당황하여 바로 포기해 버리는 아이도 있다. 두 아이를 나눈 차이점은 무엇일까? 바로 독해 기술이다.

독해를 어려워하는 아이들은 처음 보는 글을 읽고 스스로 이해하기 위한 자신만의 전략이 없다. 그러나 어떻게든 해보려 하는 아이는 자신만의 독해력을 갖추고 있다. 수능 시험에 대비하여 문제를 푸는 기술은 고등학교 3년 동안 얼마든지 배우고 익힐 수 있다. 내가 말하는 독해 기술은 문제를 푸는 기술이 아니라 처음 보는 긴 호흡의 글에 접근하는 태도다. 처음 보는 지문 앞에서 겁먹지 않고 대응할 수 있는 세 가지 방법을 소개한다.

• 키워드 중심으로 읽기

어떤 글이든 그 글에서 중점적으로 다루는 키워드가 있다. 키워드는 글의 소재가 되고 토픽topic이 된다. 토픽은 그 글에 가장 자주 등장하는 단어로, 대부분 도입 문장 뒤에 새로운 정보, 즉 신정보의 형태로 제공된다. 독해에 어려움을 겪는 아이들에게 가장 먼저 가르치는 것이 바로 토픽 찾기다. 가장 자주 등장하거나 가장 중요해 보이는 단어를 골라보라고 하면 아이들은 단어 하나를 곧잘 골라낸다. 이 토픽에 약간의 살을 붙여

하고 싶은 말을 한 문장으로 정리하면 주제문topic sentence이 된다.

영어에서 대부분의 주제문은 문단의 맨 앞 또는 도입문introduction sentence 다음에 나온다. 다시 말해 두괄식이다. 아이들에게 그 글의 핵심 내용을 알고 싶다면 키워드를 찾아 살을 붙이거나 주제문을 찾아 밑줄을 치고 그 문장을 정확히 해석해보라고 하면 된다. 그러면 대부분의 주제 찾기, 주제문 찾기, 제목 찾기, 빈칸 추론하기, 요약문 만들기 등 주제와 관련된 문제들은 쉽게 해결할 수 있다.

■ **주제란?**

글에서 다루고 있는 핵심 내용을 담은 것. 주제문을 명사의 형태로 표현한 것.

■ **제목이란?**

문단의 주제를 독자의 이목을 끌 수 있는 방향으로 바꾼 것으로, 제목 안의 내용어content word에 해당하는 단어만 대문자로 표현한다. 제목은 주제와 같을 수도 있고 좀 더 세련된 형태로 변형될 수도 있다.

■ **주제문이란?**

글의 주제를 담고 있는 문장으로, 대부분의 영어 글에서 주제문은 맨 앞 또는 주의를 환기시키는 도입문 뒤에 오는 두괄식을 취한다. 더러 미괄식이거나 주제문이 글 전체에 녹아 있어 문단 전체를 읽어야 파악할 수 있는 경우도 있다.

• 예상하며 읽기

영어 실력이 상위권임에도 불구하고 긴 호흡의 글을 읽다가 중간에 집중력을 잃고 처음부터 다시 읽는 아이들이 있다. 지문 속 단어를 전부 알지 못하는 상태에서 읽다가 모르는 단어가 나오거나 해석이 막히는 순간 당황하여 읽은 내용을 잊어버리는 것이다. 이런 경험이 있다면 앞으로 전개될 내용을 예상하며 읽는 방식을 추천한다. 단순히 각 문장을 해석하는 데서 그치지 않고 첫 문장을 읽는 순간부터 '글쓴이는 ~라고 주장하고 있다'라는 가설을 세우는 것이다. 글이 가설대로 전개될 수도 있고, 중간에 이야기가 'however'와 같은 역접 접속 어구를 기준으로 반전을 맞이할 수도 있다.

가설을 세우는 것이 어렵다면 간단히 긍정과 부정으로 나누어 생각하는 것도 방법이다. 글의 키워드, 즉 토픽에 대해 글쓴이가 긍정적인 생각을 하고 있다면 '긍정'이라는 가설을 가지고 글을 읽어 내려간다. 그런데 읽다 보니 토픽에 대해 부정적인 의견이 나온다면 필자가 하고 싶은 말은 토픽에 대한 '부정'적 측면일 가능성이 크다. 긴 호흡의 글은 이렇게 처음에 가설을 중심으로 다음 내용을 예상하며 읽으면 중간에 집중력이 떨어지는 일 없이 글 전체의 핵심을 파악할 수 있다.

• 세부 내용 파악하기

독해 문제는 크게 글의 전체적인 흐름을 묻는 '주제 찾기' 문제와 글의 세부적인 정보를 묻는 '내용 일치 파악하기' 문제로 나눌 수 있다. '주제 찾기' 문제의 경우 글 전체의 흐름을 파악하면 끝이다. 세부 내용을 파악할 필요도 없고, 각 문장을 정확히 해석할 필요도 없다. 어떤 문장 하나가 정확히 해석되지 않는다고 해서 당황하거나 의미를 추론하기 위해 애쓸 필요가 없다는 뜻이다. 이런 '주제 찾기' 문제에서는 '훑어 읽기skimming' 기술이 필요하다.

반면에 '내용 일치 파악하기' 문제는 답지에 제시된 내용이 지문과 일치하는지 하나씩 대조하는 작업이 필요하다. 제시된 다섯 개의 답지를 먼저 읽고 지문과 비교하면서 읽는 '찾아 읽기scanning' 기술이 요구된다. 이때 답지의 내용과 일치하는 문장에 밑줄을 치고 답지를 하나씩 지워나가야 오류를 최소화할 수 있다. 정리하면, 전자는 통독의 기술이, 후자는 정독의 기술이 중요하다.

When_독해 공부는 언제 할까?

독해 공부를 일찍 시작할 필요는 없다. 짧은 제시문을 읽고 답을 찾는 연습은 중학교 이후에 해도 늦지 않다. 중요한 것은, 긴 호흡의 지문을 겁먹지 않고 읽는 것이다. 독해 기술을 익히기 위해 어렸을 때부터 독해 문제집을 풀기보다는 영어책 읽는 습관을 들이는 것이 다양한 읽을거리를 접한다는 면에서 더 좋다. 다양한 읽기 경험이 쌓이면 아이는 긴 지문도 겁 없이 읽어내려갈 수 있다.

What_독해 문제집은 어떤 것을 골라야 할까?

독해 문제집을 고를 때는 읽기 문제집을 고를 때와 마찬가지로 한 지문에 모르는 단어가 다섯 개 미만인 것을 선택하는 것이 좋다. 모르는 단어가 너무 많으면 문맥만으로 지문 전체 내용을 유추하기 힘들고, 반대로 모르는 단어가 거의 없으면 문해력을 기르는 연습이 되지 않기 때문이다. 한 지문에 모르는 단어가 다섯 개를 넘지 않는 것을 골라 매일 한 개씩 내용 파악을 위한 연습을 하면 된다. 단, 모르는 어휘의 뜻이 지문 바로 아래 제시된 문제집은 피하라. 단어의 뜻을 유추하는 연습에 방해가 된다. 해설지에 각 지문에 대한 해석본과 충분한 해설이 들어 있는 것, 각 지문의 핵심 표현들이 잘 정리된 것이 좋다.

정해진 시간(1분 30초) 안에 스스로 문제를 풀고 해설지를 보면서 지문을 분석해보면 각 문장이 어떤 뜻으로 해석되는지, 매력적인 오답은 왜 정답이 될 수 없는지, 어떤 표현을 몰라서 지문을 이해할 수 없었는지 등을 파악할 수 있을 것이다. 조금 어렵고 이해가 힘든 지문이라도 외부의 도움 없이 스스로 힘으로 해결하는 과정에서 문해력이 길러진다는 사실을 기억하라.

지금까지 내신과 수능을 동시에 잡을 수 있는 공부법을 소개했다. 중요한 것은, 이 모든 공부의 기반은 초등, 그리고 그 이전에 쌓아야 한다는 사실이다. 지금부터 연령별·학년별 학습법을 통해 기초 쌓는 법을 공개한다.

3장

연령별·학년별 영어 학습 로드맵

4, 5세: 영어책, 음원과 친해지기

미취학 시기에는 영어를 즐거운 놀이로 인식하게 하는 것이 가장 중요하다. 그래서 긴 문장으로 구성된 책을 억지로 읽어주기보다는 영어 단어의 발음을 익혀보고 영어라는 언어를 접하게 해주는 것을 목표로 하는 것이 좋다. 게다가 4, 5세는 엄마와 함께 재미있게 파닉스를 익힐 수 있는 시기다. 이때 아이와 함께 재미있게 할 수 있는 활동들을 소개한다.

❶ 파닉스북으로 놀기

어린 나이에 파닉스를 학습으로 익힐 때는 주의가 필요하다. 자칫 영어에 대한 흥미를 떨어뜨릴 수 있기 때문이다. 영어 학습은 경험을 통해 원리를 익히는 귀납적 방식으로 접근해야 효과적이고, 이렇게 해야 좀 더 오래 흥미를 지속할 수 있다. 영어책 읽기를 위한 준비 기간인 만큼 이 시기에 파닉스를 완벽하게 끝내려 하기보다는 각 알파벳이 어떤 소리를 내는지 가볍게 짚어주는 정도가 적당하다. 평소에 영어 동요나 동화책 음원을 자주 들은 아이라면 각각의 단어가 어떤 소리를 내는지 쉽게 파악할 수 있을 것이다. 시중에 나와 있는 단어의 발음을 다룬 재미있는 그림책이나 스티커를 붙이면서 같은 첫소리를 내는 단어를 익히는 것도 방법이다.

❷ 영단어 통문자로 익히기

한글을 익힐 때 통문자를 먼저 접하게 한 뒤 자음과 모음을 가르치는 것처럼 영어도 통문자로 인지하는 연습을 먼저 하면 알파벳을 익히는 데 도움이 된다. 아이들은 문자를 사진 찍듯이 그림으로 기억하는 경향이 있는데, 이를 이용하여 사이트워드를 익히게 하는 것이다. 일상생활에서 자주 쓰는 주요 동작, 물건의 이름을 그림과 함께 통문자로 익히면 이후 영어책을 읽기가 훨씬 수월하다. 영어 문장에서 많은 부분을 차지하는 동사(동작을 나타내는 말), 명사(물건의 이름을 나타내는 말), 그리고 자주 쓰이는 전치사를 익히는 것만으로도 영어 문장 읽기에 대한 자신감이 생긴다.

통문자 익히기 연습을 할 때는 놀이를 하는 기분으로 접근해야 한다. 이를테면 이런 식이다. 영단어 그림 카드를 3초 정도 짧게 보여주면서 영단어를 읽어주고 다른 카드로 넘어간다. 이 과정을 하루 10개 정도 반복하다가 아이가 스스로 말하도록 기회를 주면 아이는 자신이 기억한 대로 말할 것이다. 아이가 만약 다른 단어를 말한다면 가볍게 단어 카드를 다시 한 번 읽어주고 넘어간다. 우리 아이도 이 방법을 이용해 대부분의 사이트워드를 익혔다. 여기에 영어책을 자주 읽어주면 효과는 더욱 커진다.

❸ 영어 동요 함께 부르기

영어 음원 가운데 아이에게 가장 큰 흥미를 유발할 수 있는 것은 영어 동요다. 아이들에게 영어 듣기는 영어 노래로 시작해서 영어 노래로 끝난다고 해도 과언이 아니다. 널서리라임Nursery Rhyme처럼 영어권 국가에서도 반복적으로 들어오면서 구전된 동요도 좋고, 요즘 아이들의 감성을 담은 톡톡 튀는 동요도 좋다. 아직 어린 아이가 긴 호흡의 글이나 영상을 보고 내용을 이해하기란 쉽지 않다. 따라서 짧은 동요를 따라 부르거나 율동과 함께 익히게 하는 것이 효과적이다. 멜로디가 있는 동요는 아이들의 흥미를 불러일으키기 쉽고, 재미있게 따라 부르는 과정에서 아이는 자연스럽게 영어 문장의 구조와 감각을 익힌다.

❹ 영어책 자주 접하기

이 시기부터 아이들은 자신의 선호에 따른 의사 표현을 할 수 있다. 따라서 아이의 흥미와 관심사를 반영한 영어책을 자주 보여주는 것이 좋다. 아이를 조금만 관찰해도 아이가 좋아하는 것이 무엇인지 파악할 수 있다. 도서관에 가면 공룡, 꽃, 공주, 유니콘, 똥, 동물 등 다양한 소재의 책들이 우릴 기다리고 있다. 이 중 아이가 요즘 좋아하는 대상이 등장하는 영어책을 자주 빌려서 보여주면 된다. 책을 사주는 것도 좋지만 도서관에서 빌려 읽히면 아이에게 부담 없이 소개하고 반납할 수 있어서 더 좋다.

빌려온 영어책을 꼭 읽어줘야 한다는 부담감은 갖지 않아도 된다. 그런 부담감이 영어를 재미있게 접하는 활동을 지속하지 못하게 한다. 도서관에서 빌린 책을 표지만 보고 반납해도 성공이다. 학교에서 아이들을 가르치면서 "어렸을 때 영어책을 읽어본 경험이 있는 사람?" 하고 물으면 한 반에 채 다섯 명도 안 되는 아이들만이 겨우 손을 든다. 대부분의 아이들이 영어 교과서 외에는 영어책을 접하지 못한 채 학교에 입학했다는 뜻이다. 아이와 함께 도서관에서 빌려온 책의 제목이나 문장을 한 번쯤 읽어보는 것만으로도 엄청난 영어 경험이 된다. 영어책 제목은 살아 있는 영어를 담은 실제적인 학습 자료이기 때문이다.

여담인데, 내가 권하는 대로 자신의 아이에게 영어책을 접하게 해주려 노력하는 친구가 있다. 아이에게 반복해서 책 제목을 짚어주는 것은 물론 돌을 전후해서는 아이에게 책 제목을 말해주고 책을 찾아오게 시켰다. 엄마와 여러 번 읽은 책 제목을 통문자로 기억한 아이는 엄마가 말한 제목의 책을 정확히 찾아서 가지고 왔다고 한다. 내용을 다 이해해야 한다는 부담을 내려놓고 책 제목을 맞추는 놀이로 영어책을 활용한 좋은 사례다.

아이는 처음에는 그림을 보고 책을 찾아왔을 것이다. 하지만 차츰 표지 속 그림과 제목 사이의 관계를 파악하면서 영어 단어의 의미를 파악하게 되었을 것이다. 이런 과정을 반복하다 보면 아이들은 영어 단어를 따로 공부하거나 암기하지 않아도 저절로 익힐 수 있다.

엄마가 할 일은 책을 읽어주지 않더라도 도서관에서 꾸준히 빌려다 아이가 접할 수 있도록 곁에 놔주는 것이다. 부록으로 달린 음원을 함께 듣거나 동요를 함께 불러보면 더 좋다. 통문자 카드를 활용해보고 파닉스를 익힐 수 있는 스티커북으로 함께 놀이를 하면 베스트다. 영어에 관해서는 엄마가 해줄 것이 없다고 물러서지 마라. 엄마라면 항상 아이와 놀아줄 거리를 찾는데, 영어가 그중 하나라고 생각하면 된다. 여기에는 엄마가 아이에게 영어를 가르치는 어떤 노력도 들어가지 않는다. 어렸을 때 영어를 재밌는 것으로 접한 경험은 취학 후 아이가 영어에 대한 긍정적인 정서를 갖는 데 도움을 주고, 이 과정에서 아이는 영어에 대한 자신감이 생긴다는 사실을 잊지 말자.

02

6, 7세: 영어에 흥미를 느끼도록 습관 형성하기

학교에서 모범을 보이는 학생들에 대해 선생님들이 일관되게 하는 평이 있다. 바로 '학습 습관이 잘 잡혀 있다'는 말이다. 좋은 학생과 그렇지 않은 학생을 나누는 기준은 무엇일까? 많은 선생님들이 학습에 임하는 태도와 습관을 꼽는다. 아이의 학습 성과에 가장 중요한 역할을 하는 것이 바로 학습 습관이다.

여기서 '습관'이라는 단어에 주목할 필요가 있다. 습관은 하루아침에 형성되지 않는다. 하루하루의 작은 성공이 모여야 하나의 습관으로 자리 잡는다. 매일의 행동은 습관이 되고, 그 습관과 태도가 곧 그 사람의 인생이 된다. 아이들도 마찬가지다. 매일의 성공 경험을 쌓아 습관으로 만들어야 학습이 본격적으로 이루어지는 시기에 안정된 성과를 낼 수 있다.

많은 부모님이 아이는 어릴 때 놀아야 한다고 말한다. 맞는 말이다. 아이들은 신나게 놀아야 한다. 동시에 아이가 좋은 습관을 형성하도록 도와주어야 한다. 습관은 결코 하루아침에 만들어지지 않기 때문이다. 초등학생이 되기 전 학습 경험을 쌓지 않고 학습 습관을 만들어놓지 않은 아이가 초등학생이 된 뒤에 갑자기 학습적으로 좋은 성과를 거두기란 어려운 일이다. 학습에 어려움을 겪는 아이의 부모님과 상담하다 보면 부모님 역시 '학습된 무기력'에 빠져 있는 경우가 많다.

'학습된 무기력'이란 셀리그만Seligman 박사가 발견한 개념으로, 피할 수 없거나 극복할 수 없는 환경에 반복적으로 노출된 경험으로 인해 자신의 능력으로 피할 수 있거나 극복할 수 있음에도 불구하고 스스로 포기하는 것을 말한다. 쉽게 말해, 아이가 더 이상 자신의 지도와 조언을 듣지 않는다는 생각에 부모가 아이의 학습을 포기해 버리는 것이다. 그런데 아이의 학습 경험을 되짚어보면, 부모님이 어릴 때 아이에게 자유를 준 반면 학습에 대해서는 진지한 대화나 약속을 나눈 경험이 없는 경우가 대부분이다. 어릴 때는 거의 무한의 자유를 주고 초등학생이 된 뒤 갑자기 학습 성과를 강조하면 아이는 스트레스를 받을 수밖에 없다. 안타깝게도 이런 아이들은 대부분 학습 방법을 모르거나 습관의 중요성을 인지하지 못하고 있다. 어릴 때는 아이가 바른 학습 습관을 형성하도록 옆에서 적절한 도움을 주고, 아이의 자아가 형성될 즈음에는 힘을 빼고 기다려주는 것이 부모의 역할이다. 그런데 역설적이게도 많은 학부모님이 이와 반대로 하고 있다. 어릴 때는 마음껏 놀게 하다가 학령기에 접어들면 그제야 아이의 학습에 관심을 갖고 관여하기 시작한다. 아이가 과정에 최선을 다했는지 관심을 갖고 결과에 대해 열린 태도를 보여야 하는데, 과정에는 관심을 두지 않고 나쁜 결과에만 주목하고 지적한다. 아이가 6, 7세일 때 부모의 역할은 명확하다. 바른 학습 태도와 습관 형성이다. 이를 위한 방법 몇 가지를 소개한다.

첫째, 식사하거나 잠자는 시간처럼 주요 일과를 일정한 시간 안에 하도록 한다. 배가 고프지 않아도 식사 시간이 되면 밥을 먹고 졸리지 않아도 정해진 시간이 되면 잠자리에 드는 식이다. 정해진 일과 속에서 아이의 정서가 안정된다. 자신의 일과를 예측할 수 있다는 것도 안정을 주는 요소다. 정해진 시간에 밥을 먹고 정해진 시간에 잠자리에 드는 것은 부모와 아이가 맺는 첫 번째 약속이다. 예상치 못한 상황이 생겨 약속을 지키지 못할 수도 있다. 그럴 땐 다시 약속을 정하면 된다. 부모와 반복해서 약속을 정하고 지키기 위해 노력해본 경험은 학습 습관 형성의 기반이 된다. 나의 경우 아이가 초등학교 저학년일 때까지는 무조건 9시 전에 귀가하여 잠드는 것을 목표로 했다. 무슨 일이 있어도 9시 전에는 집으로 가 아이가 잠자리에 들도록 했다. 별 거 아닌 거 같지만 매일 같은 시간에 자고 다음날 일정한 시간에 일어나는 것은 매우 중요한 루틴이다. 덕분에 아이와 꾸준한 학습 습관을 만들 수 있었다.

둘째, 아이와 학습에 관한 대화를 자주 나누어야 한다. 6~7세만 되어도 아이와 충분한 대화가 가능하다. 그러니 이 시간을 이용해 하루 학습량을 함께 정해보자. 아이가 하루 학습량을 지키는 것을 거부한다면, 그것이 왜 필요한지 납득할 수 있도록 자세히 설명해주어야 한다. 부모와 학습에 관한 이야기를 나누고 전략을 짜본 아이는 나중에 스스로 학습 방법을 터득하기가 쉽다. 처음에는 아이와 동행해주다가 점차 뒤에서 아이가 걸어가는 모습을 바라보는 전략이다. 나의 경우 아이의 흥미와 관심사를 파악하기 위한 질문을 자주 했다. 책을 읽고 나면 가장 좋았던 부분은 어디인지, 영화를 보고 난 뒤에는 등장인물 가운데 누가 가장 좋았는지, 유치원에서 돌아온 뒤에는 오늘 활동 중 가장 재밌었던 것은 무엇이었는지 등을 물었다. 그리고 아이의 대답을 들으며 아이가 어떤 소재와 어떤 유형의 학습을 좋아하는지 파악했다. 이런 대화가 반복되다 보니 아이도 자신이 좋아하는 활동을 알게 되었고, 자신이 원하는 것을 나에게 적극적으로 표현했다. 이렇듯 자신을 이해하는 것은 나중에 자신의 학습을 객관적으로 바라보고 스스로 주도하는 메타인지 능력을 키우는 초석이 된다. 영어에 대한 흥미를 키우고 영어 습관을 형성할 수 있는 활동은 다음과 같다.

❶ 눈.뜨.틀_아침에 눈뜨자마자 영어 음원 틀기

매일 영어 듣기. 가장 쉬우면서도 중요한 습관이다. 영어 듣기량이 절대적으로 확보되어야 영어를 말하고 읽고 쓰는 활동이 가능해진다고 앞에서 여러 번 반복했다. 한 번도 접해본 적 없는 언어와 자주 들어본 적 있는 언어 중에 어느 쪽이 더 친숙할까? 말하지 않아도 알 것이다. 하지만 이미 한글 사용이 능숙한 아이라면 영어 음원 듣기에 거부감을 느낄 수도 있다. 듣기 편하고 익숙한 한글을 선호하기 때문이다. 그럴 때는 눈.뜨.틀 전략을 활용할 것을 권한다. 아침에 눈을 뜨자마자 음원을 트는 전략이다. 아이가 싫어한다면 "엄마가 영어 공부하는 거야."라고 하면서 꾸준히 틀어놓으면 된다.

❷ 자기 전 영어 그림책 1권 읽기

영어책을 장난감처럼 가지고 노는 4, 5세를 지나 6, 7세가 되면 본격적으로 영어책을 함께 읽을 수 있다. 이미 영어책을 자주 접하고 가지고 놀았던 아이라면 큰 거부 반응 없이 받아들일 것이다. 한글책 수준이 높은 아이라고 해도 영어책을 읽을 때는 한 페이지에 한두 개의 문장이 있는 책부터 시작하자. 영어에 있어서 만큼은 흥미와 긍정적인 정서를 유지하는 것이 중요하므로 욕심내서는 안 된다.

아침에 눈을 뜨자마자 음원을 틀어 잠을 깨웠다면 책을 읽어주는 시간은 잠들기 전이 가장 적합하다. 아이가 하루를 정리하고 마음을 가라앉히는 데 영어 동화책만큼 좋은 수단은 없다. 따뜻한 그림으로 가득한 동화책을 엄마와 함께 읽으며 아이는 영어에 친숙해지는 것은 물론 감성을 함께 키운다. 자기 전 졸린 눈을 비비며 엄마의 이야기에 귀 기울이는 베드타임 스토리를 꼭 활용해보길 권한다. 책을 읽고 난 뒤 가장 재밌었거나 좋았던 부분에 대해 대화를 나누면 더 좋다.

❸ 집안 곳곳에 영어 이름 카드 붙여주기

아이에게 영어는 음원과 책 속에만 존재하는 것이 아니라 실생활에서도 활용할 수 있다는 것을 알려줘야 한다. 집안 곳곳에 포스트잇을 활용하여 영어 이름을 붙여주면 된다. 책상에는 desk, 식탁에는 table, 책에는 book과 같은 식으로 이름을 붙여주면 아이는 통문자 형태로 단어를 익힐 뿐만 아니라 영어가 실생활과 밀접한 언어라는 생각을 하게 된다. 사물을 부르는 표현이 다양하다는 사실도 알게 된다. 둥글고 빨간 과일에는 '사과'라는 이름도 있지만 'apple'이라는 이름도 있다는 식이다. 아이는 자연스럽게 머릿속에 두 가지 언어 체계를 만들어 필요에 따라 영어 또는 한글을 꺼내어 쓸 수 있게 될 것이다. 우리 아이의 경우 영어를 알아듣는 엄마에게는 영어로, 한글로만 말을 거는 할머니에게는 한글로 사물 이름을 말하곤 했다.

03

초등 1, 2학년: 영어로 듣고 말하기 연습, 영어책 읽는 습관 들이기

초등학교에 입학한 아이는 본격적으로 한글 쓰기를 배운다. 게다가 정규 교육 과정에서 한글을 읽고 쓰는 시간을 확대하는 추세라 부모와 함께 한글책을 재미있게 읽은 경험이 있는 아이들은 자연스럽게 이때부터 한글 읽고 쓰기를 습득한다. 실제로 2022 개정 교육과정에서는 입학 초기 적응 활동을 개선하고 한글 해득 교육과 실외 놀이 및 신체 활동을 강화하는 방향으로 내용을 개정하였다. 이에 더하여 기초 문해력 강화 및 한글 해득 교육을 위해 국어를 34시간 늘려서 배정할 예정이다. 태어날 때부터 시작된 한글 익히기는 이렇듯 외부 인풋(듣기) → 아웃풋(말하기) → 인풋(읽기) → 아웃풋(쓰기) 순서에 따라 초등 1, 2학년 즈음 완성된다.

하지만 영어의 경우 태어난 이후 듣기 인풋 양이 아이마다 다르다. 어려서부터 영어 인풋의 중요성을 아는 부모는 듣기 시간을 최대한 확보하여 아이가 인풋(듣기) → 아웃풋(말하기) 수준에 이르게 준비한다. 반대로 어떤 아이는 영어를 거의 접하지 않은 상태로 성장할 수 있다. 영어를 접한 경험이 거의 없다 보니 이 경우 영어에 무관심하거나 영어에 대한 부정적인 감정을 가질 수 있다. 중요한 것은 초등 3, 4학년부터는 본격적인 영어 학습이 이루어지기 때문에 그 전에 영어를 접한 경험이 없는 아이라 할지라도 적기인 1, 2학년을 놓치지 말아야 한다는 사실이다.

우리나라는 한국어를 모국어로 쓰는 나라이기 때문에 영어를 배우면서도 한글을 소홀히 할 수 없다. 특히 '스마트폰 쥐고 태어난 세대'로 불리는 디지털 네이티브인 우리 아이들은 글보다 영상으로 정보를 접하는데 익숙하다. 알고 싶은 정보를 찾을 때 인터넷 검색창을 여는 기존 세대와 달리 요즘 아이들은 동영상 플랫폼 검색창을 먼저 연다. 인스타그램이나 유튜브에서 '쇼츠'라고 불리는 짧은 동영상이 큰 인기를 끌면서 상대적으로 긴 영상에는 집중하지 못하는 경향도 보인다. 영상 속 해설자의 설명을 들어야 쉽게 이해하고, 긴 영상의 주제를 파악하거나 글을 읽으면서 글쓴이의 메시지를 이해하는 것은 어려워한다.

상황이 이렇다 보니 아이들이 한국어를 정규 교육과정에서 처음 배우는 시기에는 온전히 한글 교육에 집중할 수 있도록 영어보다는 한글에 비중을 두는 것이 바람직하다. 실제로 학교에서 본격적인 한글 독서 교육과 한글 쓰기 공부를 시작하는 1, 2학년 때는 기존에 영어를 많이 접해온 아이들 역시 한글에 더 큰 관심을 보이는 편이다.

한글 교육은 1학년 때 시작되고 영어 교육은 3학년 때 시작되므로 그 사이에 학습 목표를 세워 진행하면 된다. 초등 1, 2학년은 한글 면에서는 기초 한글 단어 읽기와 단어 쓰기를 연습하고, 영어 면에서는 다양한 영어를 듣고 말해보는 경험을 갖는 것을 목표로 한다. 이때는 미취학 아동이 한글을 접한 수준으로 가볍게 영어를 듣고 말할 기회와 독서 경험을 제공하는 정도면 충분하다.

초등 3, 4학년은 회화 중심 영어 교육과 기초 영어 읽기, 기초 단어 쓰기 교육이 시작되는 시기다. 이때는 한글책 읽기 수준을 높이는 것을 동시에 진행해야 한다. 글밥이 점점 많아지는 만큼 한글책을 무리 없이 읽을 수 있어야 본격적인 영어책 읽기에 들어가도 글의 논리적 흐름에 따라 책을 읽을 수 있다.

5, 6학년 때도 여전히 회화 중심으로 이루어지는데, 이때는 10줄 내외의 짧은 영어 글이 제시된다. 추상적인 개념에 대한 사고가 가능해지는 시기인 만큼 한글로 논리적인 글쓰기도 가능하다. 따라서 이때는 한글 글쓰기 수준을 높이면서 나중에 영어로 글쓰기를 할 때도 하고자 하는 말이 명료하게 드러나는 논리적인 글을 쓰는 초석을 다지는 것이 중요하다.

정리하면, 한글 교육과 영어 교육은 분리된 것이 아니며, 한글로 듣고 말하기(청해)와 읽고 쓰기(문해) 교육이 적절히 이루어진 상태에서 한글 읽기와 쓰기가 충분히 발달해야 2년 늦게 따라가는 영어 교육이 순조롭게 이뤄진다고 할 수 있다.

표6. 학년별 한글 교육과 영어 교육 목표의 차이

학년	한글 교육 목표	영어 교육 목표	영어 독서 목표 (AR)
미취학 아동	다양한 한글 듣고 말하기, 독서 경험	다양한 영어 영상, 음원, 책 접하기	AR 0~1점대 그림책
초등 1, 2학년	기초 단어 읽고 쓰기	영어 듣기 경험, 독서 경험	AR 1점대 그림책
초등 3, 4학년	한글책 읽기 수준 높이기	듣고 말하기, 단어의 철자 읽고 쓰기	AR 1~2점대 리더스북
초등 5, 6학년	글쓰기 수준 높이기	듣고 말하기, 기초 표현 읽고 쓰기	AR 2~3점대 챕터북

표를 보면 알겠지만 초등 1, 2학년은 영어를 읽고 쓰게 하는 문해력 교육보다 듣고 이해하는 청해력 교육이 우선되어야 하는 시기다. 초등 이전에 일상 속 영어 노출 습관을 통해 자연스럽게 영어를 보고 듣고 읽은 경험이 있으면 상대적으로 수월할 것이고, 그런 경험이 없더라도 본격적인 영어 학습이 이루어지는 3학년 전에 인풋(듣기) → 짧은 아웃풋(말하기) 수준까지만 이루어져도 한결 부담을 덜어줄 수 있다. 한글 습득 순서와 마찬가지로 듣기와 말하기 단계에서 충분한 시간을 들여 영어 감각을 키워 놓아야 이후 읽기와 쓰기 단계에서도 순조로운 학습이 가능하다. 급한 마음에 영어를 읽고 쓰는 교육을 먼저 하는 것은 아직 걷지도 못하는 아이에게 달리라고 강요하는 것과 같을 뿐이다. 충분히 들어 단어의 발음과 의미에 익숙해진 뒤에 철자에 대한 교육이 이루어져야 아이는 자연스럽게 받아들이고 영어에 대한 흥미 유지도 가능하다.

특히 1, 2학년 때는 영어에 대한 좋은 감정과 좋은 선입견을 품게 하는 것이 중요하다. 아이들은 초등 3학년부터 고등 3학년까지 총 10년간 영어를 배우지만 본격적인 영어 '학습'은 중학교 이후에 이루어지도록 교육 과정이 설계되어 있다. 일단 6학년 이전까지는 영어에 자연스럽게 노출되는 것만으로도 영어 습득이 가능하다. 중학생이 되어서야 영어를 처음 배운 부모 세대는 단어를 달달 외우고 지문 해석을 쓰던 자신의 학창 시절을 생각하며 내 아이에게도 그런 학습이 초등부터 이루어져야 한다고 생각하곤 한다. 하지만 이는 오해다. 영어 교육이 초등학교로 내려온 것은 아이들이 조금 더 어린 시기에 영어를 접하도록 하는 것이 학습에서 유리하다는 판단에 의한 것이다. 그리고 이 시기에 영어를 접한다는 것은 영어를 자유자재로 쓰거나 어려운 글을 독해하는 것이 아니라 일상 수준의 대화를 듣고 이해하는 정도, 약간의 문자 교육 정도라는 걸 기억하자.

초등 1, 2학년 영어 교육 목표에 따른 활동은 아래 예시를 따르되 아이의 흥미에 따라 조금 천천히 진행해도 괜찮다. 이 시기에는 영어에 대한 긍정적인 정서와 흥미를 불러일으키는 것이 주된 목표이므로 아이가 좋아할 만한 소재의 영상과 책을 고르는 데 집중해야 한다. 일상적인 속도로 말하는 영화나 애니메이션보다는 아이들을 위해 제작된 프로그램이 좋다. 초등 1, 2학년이 한글로 즐겨볼 만한 어린이 프로그램을 영어로 제작한 것을 추천한다. 영어책과 음원의 경우 미국 초등학교 1학년이 볼 만한 수준인 AR 0~1점대의 그림책이면 충분하다. 다양한 상황이 그림과

표7. 초등 1, 2학년의 영어 루틴

영어 교육 목표	목표에 적합한 활동	일상 속 영어 습관 꿀팁
1. 영어 듣기 경험	영어로 보기, 영어로 듣기	• 하루 영상 1편 보기, 영어책 음원 1개 듣기 • 기억에 남는 표현 1가지 질문하고 말해보기
2. 독서 경험 (AR 1점대 그림책)	영어책과 한글책 1:1 비율로 읽어주기	• 음원이 함께 있는 영어책 눈으로 읽으며 귀로 듣기 • 자기 전 영어책 1권, 한글책 1권 읽어주기

함께 들어 있어 아이들이 이해하기도 쉽고, 한 권을 다 읽었다는 성취감을 주기도 좋다. 이 시기는 인풋(듣기, 읽기) 양을 채우는 시기이므로 즉각적인 아웃풋(발화)이 나오지 않는다고 초조해할 필요가 없다. 인풋 양이 충분히 채워지면 자연스럽게 아웃풋이 나오므로 편안한 분위기에서 영어를 즐길 수 있도록 도와주는 것이 관건이다.

04

초등 3, 4학년: 영어 경험 시간 늘리기, 기초 단어의 철자 읽고 쓰기로 기초 다지기

초등 3학년부터 본격적으로 학교 수업에 영어 교과가 들어온다. 그러나 외국에서 살다 와 영어가 익숙한 아이, 어느 정도 영어를 공부해온 아이, 이제 막 영어를 처음 접하는 아이까지 개별 편차가 크기 때문에 수업은 주입식 학습보다는 다양한 활동 위주로 진행된다. 주어진 과제를 해결하는 과정에서 몰랐던 영어 표현을 알게 되고, 영어를 익히는 전략도 학습할 수 있어 효과적이다. 2022 개정 교육과정의 초등 3, 4학년 영어 교육과정을 지식·이해, 과정·기능, 가치·태도 면에서 정리하면 다음과 같다.

표8. 2022 개정 초등 3, 4학년 영어 교육과정의 특징

구분	내용
(1) 지식·이해	• 쉽고 간단한 단어, 어구, 문장의 소리, 철자, 강세, 리듬, 억양 익히기 • 이야기나 서사, 운문, 친교나 사회적 목적의 담화와 글, 정보 전달 및 교화 목적의 담화와 글 • 자기 주변의 주제, 간단한 의사소통 상황 및 목적, 다양한 문화권의 비언어적 의사소통 방식
(2) 과정·기능	• 소리, 알파벳 대소문자, 강세, 리듬, 억양의 식별 → 따라 말하기, 따라 쓰기 • 소리와 철자의 관계를 이해하며 소리 내어 읽기 → 파닉스를 이해하며 단어 쓰기 • 의미 파악, 주요 정보 파악, 시각 단서 활용하여 의미 추측하기 → 말하거나 쓰기 • 다양한 매체로 표현된 담화나 문장 듣거나 읽기 → 인사 나누기, 자기 소개하기, 주변 사람이나 사물 묘사하기, 행동 지시하기, 감정 표현하기, 주요 정보 묻거나 답하기, 표정과 몸짓 등을 수반하여 창의적으로 표현하기, 적절한 매체를 활용하여 창의적으로 표현하기, 철자 점검하여 다시 쓰기
(3) 가치·태도	• 흥미와 자신감을 가지고 듣거나 읽는 태도 → 말하기와 쓰기에 대한 흥미와 자신감 • 상대의 감정을 느끼고 공감하는 태도 • 다양한 문화와 의견을 존중하고 포용하는 태도 → 대화 예절을 지키고 협력하며 의사소통 활동에 참여하는 태도

초등 3, 4학년의 영어 교육과정 성취 기준 해설에서 주목할 만한 점이 몇 가지 있다.

첫째, 영어를 처음 접하는 시기이므로 '듣기 능력' 향상에 중점을 두되, 읽기 능력도 균형적으로 발달하도록 듣기와 읽기를 연계한 활동을 한다. 앞서 언어의 발달 순서에서 언급한 것처럼 영어를 배우기 위해 가장 선행되어야 할 것은 듣기 활동이며, 음원이 있는 책을 가지고 읽기와 연계하여 활동하면 어휘의 발음과 뜻, 철자를 한 번에 이해하는 데 가장 효과적이다. 또한 이해한 내용을 말하거나 쓰기, 질문하며 답하기를 활용하

면 이해와 표현이 통합적으로 연결된다. 앞서 '문해력을 키우는 독서 질문법'에서 언급한 것처럼 읽거나 들은 내용을 아이 스스로 표현하도록 기회를 주는 것이 중요하다. 이때는 아이의 설명이 다소 부족하더라도 끝까지 말할 수 있도록 들어줘야 한다.

둘째, 듣기나 읽기 자료를 제시할 때는 시각 자료나 일상생활에서의 맥락, 배경이 포함되게 하면 학습자의 이해를 도울 수 있다. 특히 에듀테크에 기반한 디지털 매체는 영어 입력 및 영어 학습에 대한 흥미도를 향상시키고 영어에 관한 불안감 해소에 기여할 수 있다. 앞에서 일상 속 영어 노출 습관을 쌓기 위한 첫 번째 방법으로 '영어로 보기'를 강조했던 것처럼 시청각 자료는 음원과 영상 속 상황, 맥락이 함께 제공되어 내용을 이해하기가 쉽고 영어에 대한 흥미를 키우는 데 도움을 준다. 에듀케이션과 테크놀로지를 결합한 에듀테크는 이제 교실 속으로 들어와 학생들이 자신의 흥미와 수준에 맞는 개별화된 수업을 받을 수 있도록 돕고 있다. 디지털 매체를 통해 자신의 흥미와 수준에 맞는 시청각 자료를 활용하는 것이 영어 습득에서 중요한 학습 전략이 된 셈이다.

셋째, 학습자는 여러 단계의 중간 언어interlanguage를 거쳐 영어를 습득하므로 발화 과정에서 오류가 나타나는 것은 자연스러운 현상이다. 따라서 의사소통에 지장을 주는 경우가 아니라면 오류에 대한 즉각적인 교정은 피하는 것이 좋다. 영어는 우리의 모국어가 아니기 때문에 우리는 영어의 평생 학습자이며, 완전한 영어가 아닌 서로 다른 수준의 중간 언어를 사용하는 셈이다. 따라서 처음 영어를 학습하는 초등 3, 4학년 때는 오류가 보이더라도 지적은 피하는 것이 좋다. 영어 습득에서 자신 있는 발화를 방해하는 정서적 장벽affective filter이 낮을수록 영어 습득에 유리하며, 이는 허용적이고 안전한 환경에서 형성된다. 지엽적인 오류라면 즉각 지적하는 것을 피하고, 의미 전달에 지장을 주는 커다란 오류가 나타났을 때만 바꿔 말하기recast와 같은 방법으로 간접 교정을 하는 것이 좋다.

넷째, 단어 쓰기를 학습할 때 기계적으로 철자를 외워서 쓰는 것이 아니라 단어의 개별 소리에 대응하는 철자를 생각해보며 쓰도록 한다. 초등 3, 4학년은 듣고 말하는 회화 중심 교육과 함께 기초 영어 표현을 읽고 쓰는 방법을 익히는 시기다. 다양한 시청각 자료를 듣고 이해한 인풋 과정이 충분해야 철자를 쓰면서 철자와 발음 사이의 관계, 즉 파닉스를 이해할 수 있다. 단어 쓰는 규칙을 암기하는 것이 아니라 사례를 먼저 경험하고 파닉스 규칙을 이해하는 귀납적 방법이 효과적인 이유다.

초기 쓰기 단계에서는 학습자가 철자 쓰기에 어려움을 겪으므로 따라 쓰기, 보고 쓰기, 완성하여 쓰기처럼 점진적으로 과제의 수준을 높여야 한다. 이렇게 하면 쓰기에 대한 자신감이 생긴다. 영어 철자 쓰기는 한글 쓰기와 마찬가지로 많은 연습과 교정을 거쳐 완성된다. 중학생이 되었음에도 철자 쓰기에 어려움을 겪는 아이들이 많은 것은 초등 시절에 충분한 철자 쓰기 연습이 되지 않아서다. 따라서 초등 교과서에 나오는 기초 어휘 목록은 반드시 읽고 쓸 수 있도록 반복적인 연습을 해두어야 한다. 학교나 학원에서는 개별 학생을 위한 연습 기회를 충분히 제공하기 어려우므로 아이가 철자 쓰기에 어려움을 겪지 않는지 가정에서 어휘 목록

쓰기를 통해 점검하는 것이 좋다. 처음에는 따라 쓰기, 다음에는 보고 쓰기, 마지막으로 스스로 완성하기 순으로 연습할 수 있도록 하면 된다.

초등 3, 4학년은 영어로 보기와 영어로 듣기를 이어가되 단순히 보거나 듣는 데 그쳐서는 안 된다. 아이 스스로 영상이나 음원 내용 중에 인상적인 장면이나 전체적인 줄거리를 설명할 기회를 주어 청해력을 높이는 것이 중요하다. 좋아하는 문구나 기억에 남는 대화 내용에 관해 이야기 나누면서 영어로 말하기에 친숙해지도록 하는 방법도 좋다. 이 시기에는 특히 학교에서 이루어지는 영어 읽기, 쓰기 공부와 연계될 수 있도록 영어책 읽기 비중을 높이고 영어 문자에 익숙해질 시간을 확보하는 것이 중요하다. AR 1~2점대, 즉 미국 초등 2학년 수준의 그림책이나 리더스북을 하루 1권씩 눈으로 읽으며 귀로 듣는 루틴을 세워 꾸준히 실천할 것을 권한다. 리더스북은 같은 표현의 반복으로 아이들이 쉽게 읽기 연습을 할

표9. 초등 3, 4학년의 영어 루틴

영어 교육 목표	목표에 적합한 활동	일상 속 영어 습관 꿀팁
1. 듣고 말하기	영어로 보기, 영어로 듣기	• 하루 영상 1편 보고 줄거리 설명해보기 • 영어책 음원 1개 듣고 핵심 표현 말해보기
2. 기초 단어 읽기	리더스북으로 쉬운 영어 표현 읽기 반복 연습	• AR 1~2점대 그림책/리더스북 1권 눈으로 읽으며 귀로 듣기 • 리더스북 1권 음독하기
3. 단어의 철자 쓰기	영어 교과서에 있는 단어 목록 읽고 쓰기 연습	• 영어 교과서 단어 목록 소리 내어 읽기 • 영어 교과서 단어 목록 철자 쓰기 점검하기

수 있도록 고안되었기 때문에 영어책 읽기를 처음 시작하는 아이에게 자신감을 심어주기 좋다. 리더스북을 하루 한 권씩 소리 내어 읽다 보면 읽기와 함께 말하기도 능숙해진다.

영어 교육 목표에 따른 활동은 앞의 예시를 따르되 아이의 준비 정도에 따라 1, 2학년 루틴을 먼저 채우거나 5, 6학년 루틴으로 넘어가도 무관하다. 영어는 진도와 위계가 따로 없으며, 아이가 재미있어하고 이해한 것을 표현할 수 있는 수준이라면 단계에 크게 신경 쓰지 않아도 된다.

05

초등 5, 6학년: 중학교 대비 어휘 학습, 교과서 소리 내어 읽어보기

초등 5, 6학년은 3, 4학년 때 했던 영어를 듣고 말하는 연습과 기초 영단어 읽기, 철자 쓰기 연습을 바탕으로 기초적인 회화 표현들을 직접 읽고 써보는 시기다. 여전히 듣고 말하기의 의사소통과 회화 중심에 머물러 있지만 짧은 글을 읽고 이해하는 독해 공부가 시작된다. 특히 6학년의 경우 중학교로의 진학을 앞두고 있는 만큼 입학 전에 자신의 실력을 다시 한 번 점검하고 정리해보는 시간이 필요하다. 교과서보다 훌륭한 교재는 없다는 생각으로 기초 개념을 점검할 것을 권한다. 2022 개정 교육과정의 초등 5, 6학년 영어 교육과정을 지식·이해, 과정·기능, 가치·태도 면에서 정리하면 다음과 같다.

표10. 2022 개정 초등 5, 6학년 영어 교육과정의 특징

(1) 지식·이해	• 간단한 단어, 어구, 문장의 강세, 리듬, 억양 익히기 • 이야기나 서사, 운문, 친교나 사회적 목적의 담화와 글, 정보 전달 및 교화 목적의 담화와 글, 의견 전달 및 교환이나 주장 목적의 담화와 글 • 일상생활 주제, 일상적인 의사소통 상황 및 목적, 다양한 문화권의 언어적, 비언어적 의사소통 방식
(2) 과정·기능	• 강세, 리듬, 억양의 식별 → 강세, 리듬, 억양에 맞게 소리 내어 읽기, 말하기 • 의미 파악, 세부 정보 파악, 중심 내용 파악, 일이나 사건의 순서 파악, 시각 단서 활용하여 듣거나 읽을 내용 예측하기 • 특정 정보를 찾아 듣거나 읽기, 내용 확인하며 다시 듣거나 읽기, 다양한 매체로 표현된 담화나 글을 듣거나 읽기
	• 실물, 그림, 동작 등을 보고 말하거나 쓰기 • 알파벳 대소문자와 문장 부호 바르게 사용하기 • 주변 사람 소개하기, 주변 사람이나 사물 묘사하기, 주변 장소나 위치, 행동 순서나 방법 설명하기 • 감정이나 의견, 경험이나 계획 기술하기, 세부 정보 묻거나 답하기 • 예시문 참고하여 목적에 맞는 글쓰기, 피드백 반영해 고쳐 쓰기 • 반복, 확인 등을 통해 대화 지속하기, 브레인스토밍으로 아이디어 생성하기 • 다양한 매체 활용하여 창의적으로 표현하기
(3) 가치·태도	• 흥미와 자신감을 가지고 듣거나 읽는 태도 → 말하기와 쓰기에 대한 흥미와 자신감 • 상대의 감정을 느끼고 공감하는 태도 • 다양한 문화와 의견을 존중하고 포용하는 태도 → 대화 예절을 지키고 협력하며 의사소통 활동에 참여하는 태도

초등 5, 6학년의 영어 교육과정 성취 기준 해설에서 주목할 만한 점은 다음과 같다.

첫째, 3, 4학년 때는 듣기와 말하기(구어)가 중심이었다면 5, 6학년 때는 좀 더 확장되어 읽기와 쓰기(문어) 능력까지 균형 있게 향상시키는 데 중

점을 두어 지도한다. 이미 기초 단어를 어떻게 읽는지, 철자를 어떻게 쓰는지 배운 만큼 이를 바탕으로 기초적인 표현을 스스로 읽고 쓰는 연습을 한다. 3, 4학년 때 소리와 철자 사이의 관계를 익혔다고 해도 머릿속에 파닉스 규칙이 완전하게 자리 잡은 것은 아니다. 영어에는 예외 규칙이 많고 같은 철자라도 단어마다 다른 소리를 내는 경우가 많기 때문이다. 다시 말해 파닉스 규칙을 배웠다고 해서 모든 단어를 유창하게 읽을 수 있는 것은 아니라는 뜻이다. 듣기 인풋 양이 충분해야 말하기 아웃풋이 가능한 것처럼 읽기 인풋 양이 충분해야 파닉스 규칙을 이해하고 쓰기로 이어지는 아웃풋이 가능해진다. 가장 많은 읽기 인풋 양이 필요한 시기가 바로 초등 5, 6학년 때다.

둘째, 3, 4학년 때보다 다양한 주제와 의사소통 상황을 포함한 듣기, 읽기 자료를 활용한다. 예를 들면 자기 주변에 관한 주제에서 일상적인 주제로 인풋의 주제가 확대되고, 이야기나 정보 전달뿐 아니라 의견 전달이나 주장과 같은 의사소통 상황으로 인풋 자료의 상황이 풍부해진다. 또한 듣기 및 읽기 전, 중, 후 활동에서 사용하는 적절한 전략을 활용할 수 있도록 한다. 듣기 및 읽기 전 활동에서는 시각 단서를 활용하여 내용을 예측하는 전략, 듣기 및 읽기 중 활동에서는 특정 정보에 주목하여 파악하는 전략, 듣기 및 읽기 후 활동에서는 내용을 점검하고 필요한 내용을 다시 듣거나 읽는 전략 등을 단계별로 지도한다.

이 시기에 배우는 영어 인풋 전략은 학년이 올라가고 고차원의 듣기와 읽기를 할 때도 스스로 생각하고 습득할 수 있는 초석이 된다. 이는 자신의 학습을 점검하고, 성공적인 학습을 위한 전략을 세우고, 부족한 부분을 보충하는 등 학습자의 메타인지를 키우는 과정이기도 하다. 따라서 효과적인 읽기와 쓰기 실력 향상을 위해 어휘나 문법, 독해와 같은 학습적인 측면에서 양을 늘리기보다는 하나의 지문을 듣거나 읽더라도 어떤 전략을 사용하는 것이 도움이 되는지, 어떤 방법이 더 효과가 있는지 자녀와 충분히 이야기 나누고 점검하는 과정이 필요하다.

셋째, 소리 내어 읽기를 통해 단어나 어구, 문장을 빠르고 정확하게 읽도록 연습하며, 혼자 읽기, 반 전체가 함께 읽기, 짝꿍이나 모둠원과 번갈아 읽기, 모둠에게 읽어주기, 시간을 정해 읽기 등 다양한 방법을 활용한다. 책을 소리 내어 읽는 음독은 각 단어가 문장 안에서 어떤 식으로 발음되는지 적용력을 높이고, 문장의 강세나 억양을 익히며, 자연스럽게 연음되는 방법을 익힐 수 있어 영어 읽기뿐만 아니라 말하기를 연습하는 데 있어서 가장 좋은 방법이다.

초등 5, 6학년은 논리적 사고력이 발달함에 따라 한글 독서 수준을 높이고, 글쓰기 능력을 키우는 시기다. 영어에 있어서도 다양하고 어려운 주제를 이해할 수 있는 시기이므로 일상에서 영어를 보고 듣는 영상 및 음원 자료를 풍부하게 제공해주는 것이 좋다. 하루 영상 1편, 영어책 음원 1개 듣기 루틴을 이어가되 영상은 영화나 애니메이션뿐만 아니라 다큐멘터리까지, 음원은 소설과 문학 외에 과학이나 역사, 사회 등 비문학 지문까지 확대하여 접하도록 해준다. 본격적인 읽기, 쓰기 교육이 시작되는 만큼 영어책은 리더스북뿐만 아니라 그림이 적절히 포함된 짧은 호흡의 AR 2~3점대의 챕터북까지 확장해 주는 것이 좋다. 영어책 읽기 수준을 한 번에 끌어올리려 하기보다는 아이의 한글 독서 수준과 관심 주제를 고려하여 순차적으로 높여야 효과적이다. 페이지당 1~2줄의 문장이 들어 있는 쉬운 그림책 → 페이지당 1~2줄의 문장이 들어 있는 리더스북 → 페이지당 5줄 이상의 문장이 들어 있는 짧은 챕터북 → 호흡이 긴 챕터북 순서로 넘어갈 것을 권한다.

챕터북은 리더스북처럼 같은 문구가 반복되진 않지만 긴 호흡의 스토리를 짧은 길이의 챕터로 끊어 읽으면서 읽기 호흡을 늘려나가기 좋은 구조로 되어 있다. 또한 챕터별로 하나의 중심 내용을 담고 있어 중심 내용을 파악하면서 읽기 전략을 익히기에도 좋다. 보통 챕터북은 시리즈로 구성되어 있기 때문에 한 권의 챕터북에 재미를 느끼면 동일한 등장인물과 유사한 플롯 구조를 가진 다른 시리즈 읽기로 이어질 수 있다는 장점도 있다. 아이들은 익숙한 것을 원하면서도 새로운 것을 추구하기 때문에 챕터북은 아이들의 흥미를 시리즈가 끝날 때까지 유지해줄 수 있다. 아이 스스로 챕터 한 개 분량을 눈으로 읽으며 귀로 듣게 하거나 한 페이지 분량을 소리내어 읽게 하면 듣기 실력 향상은 물론 발음과 말하기 실력 향상에도 큰 도움이 될 것이다. 더불어 영어 교과서에 나오는 단어 목록과 주요 표현들을 읽고 써보는 연습을 통해 철자 쓰기를 꾸준히 익혀두어야 중학교 이후 시험에서 기초 어휘의 철자를 틀리는 오류를 줄일 수 있다.

그런데 이때 AR 수준을 더 높여야 한다거나 중학교 영어에 대비하여 어휘, 문법, 독해 학습을 시작해야 하는 것이 아닌가 불안해하는 부모들

표11. 초등 5, 6학년의 영어 루틴

영어 교육 목표	목표에 적합한 활동	일상 속 영어 습관 꿀팁
1. 다양한 주제로 듣고 말하기	영어로 보기, 영어로 듣기	• 하루 영상 1편 보고 줄거리 설명하기 • 영어책 음원 1개 듣고 핵심 표현 말해보기
2. 짧은 글 읽기	챕터북으로 독서 수준 높이기	• 매일 AR 2~3점대 챕터북 1챕터 눈으로 읽으며 귀로 듣기 • 매일 챕터북 1페이지 음독하기
3. 기초 표현 쓰기	영어 교과서에 있는 단어 목록 읽고 쓰기 연습	• 영어 교과서 단어 목록 소리 내어 읽기 • 영어 교과서 핵심 표현 철자 쓰기 점검하기

이 종종 있다. 그러나 초등 시기에 어려운 어휘를 암기하면 잊어버릴 확률이 높고, 문법은 어려운 용어 때문에 이해하기 어려워하는 경우가 많으며, 독해 기술은 중학교 이후에 익혀도 늦지 않다. 초등 졸업 전까지 AR 3점대의 챕터북을 읽고 즐길 수 있는 수준의 문해력만 키워두면 이후에는 아이 자신만의 독해 전략과 문해력으로 읽기 수준을 높여갈 수 있다. 아이가 영어를 듣고 읽는 인풋 양을 충분히 채우고 영어에 흥미를 갖도록 하는 마지막 골든타임을 잘 활용하길 바란다. 아이가 충분히 듣고 읽은 경험은 중학교 이후 학습에서 축적된 데이터로 빛을 발하게 될 것이다.

06

중학교 1학년: 기초 어휘, 기초 문법, 문장 분석 익히기

중학교 입학 전에 어떤 식으로 영어를 경험했느냐가 영어에 대한 호불호를 갖게 만들고, 영포자가 될지 말지를 결정한다. 한글 습득과 마찬가지로 영어 역시 듣기(인풋) → 말하기(아웃풋) → 읽기(인풋) → 쓰기(아웃풋)의 자연스러운 순서로 접하는 것이 중요하다. 즉 읽거나reading 쓰는writing 문어 교육에 앞서 듣고listening 말하는speaking 구어 교육이 먼저 이루어져야 한다. 또 말하거나 쓰는 아웃풋 기술productive skill을 습득하기에 앞서 듣거나 읽는 인풋 기술receptive skill을 충분히 익혀야 한다. 초등 시기에 이러한 과정이 충분히 이루어지지 않았다면 중학생이 되어서라도 회화 중심으로 듣고 말하기를 익히고 영어를 듣고 읽는 인풋 과정을 통해 영어에 친숙해져야 한다.

중학교 교과서 수준은 AR 1~4점대이므로 초등 때 영어 독서 지수AR 3점대의 책을 이해할 수 있다면 무리 없이 학업을 따라갈 수 있다. 다만 아이마다 영어에 대한 흥미도가 다르므로 상대적으로 영어에 흥미가 적은 아이라면 한글 독서 수준을 높이면서 영어에 대한 노출을 유지하는 전략이 좋다. 영어를 좋아하지 않더라도 꾸준히 접하다 보면 친숙해지고, 이는 자신감과 호감으로 이어진다.

초등학교와 중학교 1학년은 영어 지문의 수준 차이가 크지 않은 편이다. 그러나 2학년부터는 달라진다. 지문의 길이가 조금씩 길어지고 정확한 해석을 위해 알아야 할 문법 요소를 전부 다루기 때문이다. 중학교와 고등학교 사이 가교 역할을 하는 중학교 3학년은 지문의 길이는 물론 문장 자체가 길어지고, 어휘 수준도 높아진다. 이렇게 독해를 위한 본격적인 준비를 마쳤다면 고등학교 때부터는 수준 높은 어휘와 복잡한 구조의 문장, 길어진 지문이 포함된 독해를 단계적으로 연습하게 된다.

표12는 우리나라 학교 교과서 수준을 AR 지수로 비교해놓은 표다. 참고로 교과서 지문의 수준은 출판사에 따라 다르고, 단원마다 다루는 어휘 수준과 지문 길이도 다르다. 여기서는 평균적인 지문의 수준으로 나타냈다.

표를 보면 초등학교와 중학교 사이의 갭보다 중학교와 고등학교 사이의 갭이 훨씬 큰 것을 알 수 있다. 이처럼 본격적인 독해 교육이 시작되는 고등학교부터 지문 수준이 상당히 높아진다. 하지만 걱정할 필요가 없다.

표12. 학년별 교과서 수준에 따른 AR 지수 비교

우리나라 학교 교과서 수준	AR 수준(미국 학년 기준)
초등 3~6학년	AR 0~2점대
중학교 1학년	AR 1~2점대
중학교 2학년	AR 2~3점대
중학교 3학년	AR 3~4점대
고등학교 1학년	AR 6점대 이상
고등학교 2~3학년	AR 7점대 이상
수능 시험	AR 5~13점대

중학교 교육 과정을 통해 AR 3점대 수준의 독해력을 탄탄히 갖춰놓으면 사고력과 문해력이 자연스럽게 올라가 고등학교에 가서도 어렵지 않게 공부할 수 있기 때문이다. 이 말은 곧 중학교 시기가 영어 문해력을 키울 수 있는 가장 중요한 시기라는 뜻이다.

2022 개정 교육과정의 중학교 1~3학년의 영어 교육과정을 지식 · 이해, 과정 · 기능, 가치 · 태도 면에서 정리하면 표13과 같다. 초등학교 영어 교육과정과 비교하면 지식 · 이해 영역에서 자기 주변, 일상생활 주제뿐만 아니라 '친숙한 주제'와 '다양한 의사소통 상황'으로 주제가 확대되었음을 알 수 있다. 또한 과정 · 기능 면에서 단순한 이해를 넘어 기분이나 감정, 의도나 목적, 단어 · 어구 · 문장의 함축적 의미 등을 '추론'하는 기능이 추가되었다. 마지막으로 가치 · 태도 면에서 다양한 의견과 관점을

표13. 2022 개정 중학 1~3학년 영어 교육과정의 특징

(1) 지식·이해	• 단어와 문장의 강세, 리듬, 억양, 연음이나 축약 익히기 • 이야기나 서사, 운문, 친교나 사회적 목적의 담화와 글, 정보 전달 및 교화 목적의 담화와 글, 의견 전달 및 교환이나 주장 목적의 담화와 글 • 친숙한 주제, 다양한 의사소통 상황 및 목적, 다양한 문화권의 언어적, 비언어적 의사소통 방식
(2) 과정·기능	• 연음이나 축약된 소리 식별하기 → 연음이나 축약된 소리 활용하기 • 세부 정보 파악, 줄거리나 요지 파악, 주제 파악, 일이나 사건의 순서, 전후 관계 파악, 일이나 사건의 원인과 결과 파악 • 기분이나 감정 추론, 의도나 목적 추론, 단어·어구·문장의 함축적 의미 추론 • 다양한 매체로 표현된 담화나 글을 듣거나 읽기, 적절한 전략 활용하여 듣거나 읽기
	• 사람이나 사물 등 묘사, 기분이나 감정 묘사 • 위치나 장소 등 설명, 그림·사진·도표 등 설명, 방법이나 절차 설명, 경험이나 계획 설명 • 일이나 사건의 순서, 전후 관계 설명, 일이나 사건의 원인과 결과 설명 • 자신의 의견 주장, 듣거나 읽고 요약, 일기·편지·이메일 등 쓰기 • 적절한 매체 활용하여 말하거나 쓰기, 적절한 전략 활용하여 말하거나 쓰기, 자신의 창의적인 생각을 말하거나 쓰기
(3) 가치·태도	• 자신감을 가지고 관심 분야에 대해 적극적으로 듣거나 읽는 태도 • 다양한 의견과 관점을 존중하는 태도 • 상대방을 배려하며 말하거나 쓰는 태도 • 정보 윤리를 준수하며 말하거나 쓰는 태도

존중하는 태도, 상대방을 배려하며 말하거나 쓰는 태도, 정보 윤리를 준수하며 말하거나 쓰는 태도처럼 상대방을 배려하고 포용하는 태도를 강조하는 것을 알 수 있다. 이는 중학교 이후 학생들이 스스로 주도하고 주변 친구들과 협동하여 발표하는 활동들이 증대되기 때문이다. 평가에서

도 지필평가와 수행평가뿐만 아니라 자기 평가, 동료 평가 등의 다양한 평가 방법을 적용하므로 의사소통능력은 물론 동료와 협업하고 협력적으로 문제를 해결하는 능력이 요구된다.

중학교 1학년 때 영어 교육의 목표는 다음의 세 가지다.

첫째, 기초 어휘를 익히기 위해 영어로 보기, 영어로 듣기 활동을 꾸준히 하면서 중1 수준의 어휘 목록을 반복 청취하면서 암기한다. 기초 어휘에 구멍이 생기면 이후 독해에 어려움을 겪으므로 기초 어휘의 발음과 철자는 가능하면 정확히 익혀두어야 한다. 둘째, 기초 문법 익히기를 위해서는 영어 교과서 지문을 필사하면서 문법적으로 올바른 문장을 정독하고 문장을 분석하는 눈을 기르는 것을 추천한다. 이는 좋은 문장을 모델링하여 영어 작문을 위한 기초 실력을 다지는 데도 도움이 된다. 방학기간을 이용해 기초 영문법 책을 한 권 완독하고 정리하는 것도 방법이

표14. 중학교 1학년의 영어 루틴

영어 교육 목표	목표에 적합한 활동	일상 속 영어 습관 꿀팁
1. 기초 어휘 익히기	영어로 보기, 영어로 듣기	• 하루 영상 1편 보기 또는 영어책 1권 눈으로 읽으며 귀로 듣기 • 중1 수준의 어휘 목록 반복 청취하기
2. 기초 문법 익히기	영어교과서 필사하기 중1 수준 기초 문법 정리하기	• 영어 교과서 지문과 문법 예문 필사하기 • 방학을 이용해 문법 교재 1권 끝내기
3. 문장 분석 연습	영어 교과서 음독하기 챕터북으로 독서 수준 높이기	• 영어 교과서 지문 읽기, 녹음하여 들어보기 • AR 2점대 챕터북 읽기

다. 셋째, 문장 분석 연습을 위해 영어 교과서를 음독하면서 AR 2점대 책 읽기에 익숙해져야 한다. 교과서를 소리 내어 음독하면 쉼표comma나 마침표period에서 문장을 끊어 읽으면서 문장 구조를 파악할 수 있고, 영어 문장의 어순이 우리말과 달리 '주어+동사~'로 이루어져 있다는 점에 익숙해질 수 있다. 이때 자신의 목소리를 녹음하여 들어보면 발음 교정과 말하기 연습은 물론 수행평가 대비에도 유용하다. 반복하건대, 가장 좋은 책은 교과서인 만큼 교과서를 먼저 읽고, 여력이 된다면 AR 2점대의 챕터북을 일주일에 1권씩 읽어 다독하는 습관을 기를 것을 권한다.

07

중학교 2학년: 중학 필수 어휘, 핵심 문법, 직독 직해 익히기

영어 공부에 있어 중학교 2학년은 중학교 3년 중 가장 중요한 시기다. 1학년은 듣고 말하기 중심의 초등 교육과정에서 중학교 교육과정으로 넘어오는 워밍업 단계다. 2학년은 학교 영어에서 필요한 모든 문법 요소를 다루고, 필수 어휘를 바탕으로 각 문장을 정확하게 해석하는 직독직해를 배우는 단계다. 그리고 3학년은 2학년 때 배운 어휘와 문법 요소를 바탕으로 몇 가지 고급 영문법을 추가로 배우는 시기다. 그렇기 때문에 3학년이 되기 전에 2학년 때 배운 주요 문법 내용을 제대로 숙지하고 있어야 한다. 고등학교는 중학교에서 배운 문법 내용을 심화, 복습하는 시기로, 중학교 2학년 때 배운 문법 내용이 실력으로 드러난다. 게다가 1학년 때 자유학기의 운영으로 치르지 않던 지필평가와 수행평가를 본격적으로 실시하는 것도 2학년이다. (2022 개정 교육과정부터는 1학년 자유학기 시수가 대폭 줄어든다.)

2학년 교실에서는 다양한 아이들의 모습을 볼 수 있는데, 갑자기 길어진 독해 지문과 한자로 이루어진 문법 용어로 인해 어려움을 호소하는 아이들이 많아지는 것도 그중 하나다. 1학기 때는 AR 2점대 수준의 짧은 지문을 익히지만 2학기부터는 AR 3점대의 다소 긴 지문이 등장한다. 이 과정에서 '영어는 어려운 과목'이라고 생각하는 아이들이 늘어난다. 그러나 중학교 1학년까지 학교에서 다루는 기초 어휘를 익히고, 교과서 지문을 필사하면서 문법 내용을 숙지하고, 교과서 지문을 음독하면서 문장 분석의 기본 틀을 잡았다면 걱정하지 않아도 된다. 2학년 때도 같은 방식을 유지하면 되기 때문이다.

중학교 필수 어휘 익히기

중학교 1학년의 어휘는 '사이트워드'라 불리는 단어들로, 영어 지문을 읽다 보면 자주 눈에 띈다. 이러한 기초 어휘들은 교과서 지문뿐만 아니라 다양한 도서와 읽기 자료 등에도 자주 등장한다. 따라서 눈으로 읽으며 귀로 듣는 경험을 통해 암묵적 지식으로 사이트워드를 익혀두면 2학년 이후의 필수 어휘를 암기할 때 훨씬 수월하다.

중학교 2학년의 어휘는 지필평가나 수행평가의 논술형 평가에서 직접 써야 하는 경우가 많다. 그렇기 때문에 정확히 읽을 줄도 알아야 하고 쓸 줄도 알아야 한다. 논술형 평가는 주로 다음과 같은 형태로 출제된다.

1) 주어진 어휘를 의미에 맞게 재배열하기
2) 주어진 문장에 적절한 단어를 써서 빈칸 채우기
3) 주어진 단어를 활용하여 적절한 문장 완성하기

이러한 평가에서는 어휘를 쓰는 방법인 스펠까지 정확히 숙지하지 않으면 철자 오류로 감점을 받게 된다. 따라서 중학교 2학년 어휘 목록이나 중학교 핵심 영단어 목록을 반복 청취하면서 발음과 뜻을 익히고, 스펠을 정확히 쓸 수 있도록 점검하는 과정이 필요하다. 학교마다, 교사마다 다르기는 하나 교과서 단어 목록을 암기하였는지 어휘력을 점검하는 수행평가에 반영하는 경우도 있다. 그러므로 평소 학교 진도에 맞게 각 단원별 핵심 어휘를 읽고 쓸 수 있도록 연습해두는 것이 중요하다.

중학교 핵심 문법 익히기

중학교 1학년의 문법은 문장의 구성 성분(주어, 동사, 목적어, 보어), 1/2/3형식과 같은 단순한 문장 구조, 조동사의 쓰임, 동사의 기본 시제 정도를 다룬다. 그러나 2학년의 문법은 중학교 독해에서 몰라서는 안 되는 준동사 세 가지(부정사, 동명사, 분사), 동사의 열두 가지 시제 중 현재완료 시제,

4/5형식과 같은 복잡한 문장 구조, 지각 동사와 사역 동사, 수동태 같은 중요 문법들을 다룬다. 문법을 배울 때는 수학처럼 공식을 암기하여 적용하는 연습이 필요하므로 학교에서 배우는 문법 내용을 정확히 숙지할 수 있도록 복습하고, 문장에 직접 적용해보는 연습을 해야 한다.

❶ 문법 예문 필사하기

문법 내용을 문장에 적용하는 연습을 위해 가장 먼저 해야 할 것은 문법 예문 필사다. 영어 문장을 직접 쓰고 해석하는 과정이 구시대적인 공부법이라고 생각할 수 있으나 좋은 문장을 직접 써보는 것은 책을 많이 읽는 것 다음으로 문해력을 키우는 좋은 방법이다. 최근 들어 필사의 효과가 널리 알려지면서 글을 잘 쓰기 위한 하나의 방법으로 고전을 비롯한 좋은 문장을 필사하는 루틴을 실천하는 성인도 많다.

각 단원별로 핵심 문법을 두세 가지씩 배우므로 해당 문법에 관한 예시문을 써보면서 익히면 된다. 이때는 교과서에 나오는 문법 예문뿐만 아니라 선생님이 추가적으로 제공하는 프린트의 예문들까지 써보는 것이 좋다. 여력이 된다면 교과서 지문까지 필사하면 더 좋은데, 교과서 지문을 필사하면 1학년 때 배운 기초 문법까지 다른 주제와 상황을 다룬 지문을 통해 복습할 수 있어서 더욱 효과적이다. 단순히 문법을 익히는 것을 넘어 마음 안정의 효과까지 볼 수 있는 만큼 필사를 꼭 해보기 바란다.

❷ 관련 예제 문제 풀어보기

시험 문제는 주로 교과서 예문과 프린트물에 나온 예문을 중심으로 출제된다. 그러므로 교과서와 프린트물의 예문을 공부한 다음 해당 문법 관련 문제들을 풀어보는 것이 좋다. 예제를 풀어보는 것은 문법 문제가 어떤 식으로 출제될지 유형을 예상해보기 위함이다. 문법 요소를 익힐 때 어떤 점에 유의해야 하는지 출제 포인트를 익히는 정도로만 풀어보면 된다. 수학 문제를 풀 때와 마찬가지로 핵심 내용은 익히지 않고 문제만 많이 푸는 것은 효과적이지 않다.

❸ 핵심 문법 요소를 담아 영작하기

문법을 배우는 이유는 정확한 독해, 그리고 정확한 영작을 위해서다. 처음에는 이미 배웠던 예문을 핵심 문법 요소에 주의하여 스스로 해석해보고, 다음에는 한글 해석만 보고 역시나 스스로 영작해보는 것이 좋다. 마지막으로 해당 문법 요소를 활용한 나만의 문장을 영작하면 배운 문법 내용을 나의 것으로 내재화할 수 있다.

직독직해 연습하기

중학교 1학년 때 문장 구조를 분석하는 눈을 기르고 문장을 해석하는 연습을 했다면 2학년부터는 문단 속 문장들을 읽으면서 직독직해하는 연습을 해야 한다. 그러려면 영어 문장을 읽으면서 곧바로 한글 의미가

표15. 중학교 2학년의 영어 루틴

영어 교육 목표	목표에 적합한 활동	일상 속 영어 습관 꿀팁
1. 중학교 필수 어휘 익히기	영어로 듣기, 어휘 정확히 쓰기	• 하루 영어책 1권 눈으로 읽으며 귀로 듣기 • 중학교 필수 어휘 목록 반복 청취 및 쓰기
2. 중학교 핵심 문법 익히기	영어교과서 예문 필사하기 중2 수준 문법책 공부하기	• 영어 교과서 문법 예시문 필사하기, 예제 풀기 • 방학 이용해 문법 교재 1권 끝내기
3. 직독직해 연습하기	영어 교과서 반복 읽기 챕터북으로 독서 수준 높이기	• 영어 교과서 지문 읽기, 녹음하여 들어보기 • AR 3점대 챕터북 읽기

연상될 정도로 영어 해석에 익숙해져야 한다. 빠른 읽기가 가능해지려면 같은 지문을 여러 번 다른 방법으로 읽는 것이 효과적이다.

첫째, 글의 주요 내용을 파악하면서 훑어읽기skimming의 방법으로 묵독한다. 둘째, 문장 구조와 핵심 문법 요소에 동그라미를 치면서 찾아읽기scanning의 방법으로 묵독한다. 셋째, 두 가지 방법을 모두 써서 음독한다. 이렇게 다른 방법으로 여러 번 읽을 때는 처음에는 천천히 이해하면서 읽다가 차츰 읽는 속도를 높이는 것이 좋다. 문장을 읽으면서 동시에 한글 뜻을 떠올릴 수 있다면 직독직해가 가능해졌다고 볼 수 있다.

교과서는 가장 좋은 읽기 자료이므로 교과서 지문 위주로 읽되 2학년 2학기부터 3학년까지 읽게 될 AR 3점대 지문에 익숙해질 수 있도록 AR 3점대의 챕터북 읽기를 병행하면 더욱 효과적이다.

08

중학교 3학년:
고등 대비 어휘, 중3 수준 주요 문법, 본격적인 문단 독해 익히기

중학교 3학년은 중학교에서 배운 핵심 어휘 및 문법을 마무리하는 단계로, 고등학교에서 이루어질 본격적인 독해와 작문 수업을 위한 대비가 필요하다. 따라서 학교 공부에 충실하되 일상 속 영어 노출 습관을 꾸준히 이어 나가면서 고등 학습을 위한 준비까지 해야 한다. 언뜻 준비할 것이 가장 많은 시기로 보이지만 2학년 때 들인 학습 습관을 그대로 확대 적용하는 시간이라고 생각하면 쉽다. 중학교 2, 3학년을 다년간 지도해 본 결과 2학년과 3학년의 어휘와 문법 내용은 반복되는 것이 매우 많다. 중학교 2학년 때 충실하게 학습했다면 알고 있는 내용을 복습하는 차원에서 다양한 지문을 독해 연습하는 데 집중하면 된다.

우선 2학년 때와 마찬가지로 수업 시간에 다루는 어휘와 문법 내용을 완벽히 숙지하고, 다른 사람에게 말로 설명할 수 있을 정도로 반복 학습을 통해 암기해야 한다. 여기서 '말로 설명할 수 있다'는 것은 머릿속의 막연한 암묵지를 명시적으로 정리하는 과정이다. 어떤 내용을 정확히 말로 설명할 수 없다면, 그건 모른다고 봐야 한다. 학습한 내용을 자신의 언어로 표현해보는 것은 자기주도 학습력을 키우는 데 있어 매우 중요하다. 동시에 중학교 3학년 교과서와 비슷한 수준의 AR 3~4점대 책을 눈으로 읽으며 귀로 듣는 습관을 꾸준히 이어나가는 것도 유지해야 한다. 이를 통해 긴 호흡의 지문에 익숙해지고, 다독을 통해 다양한 어휘의 사용 사례를 접해야 한다. 마지막으로 고등학교 입학에 대비하여 중학교 마지막 겨울 방학을 알차게 이용해야 한다. 앞에서 밝힌 대로 고등학교와 중학교 사이 영어 지문의 갭 차이가 매우 크기 때문이다.

표16. 중학교 3학년의 영어 루틴

영어 교육 목표	목표에 적합한 활동	일상 속 영어 습관 꿀팁
1. 어휘력 확장하기	영어로 듣기, 영어로 읽기, 고급 어휘 익히기	• 하루 영어책 1권 청독하기 혹은 1권 읽기 (AR 3~4점대 챕터북, 소설, 논픽션 등) • 고교 필수 어휘 목록 반복 청취 및 쓰기
2. 중학교 핵심 문법 익히기	영어 교과서 예문 필사하기 중3 수준 문법책 공부하기	• 영어 교과서 문법 예시문 필사하기, 예제 풀기 • 방학 이용해 문법 교재 1권 끝내기
3. 문단 독해 연습하기	문단의 중심 내용 파악하기 문단 독해 연습하기 한글 독서력 높이기	• 영어 교과서 지문 주제 찾으면서 읽기 • 1일 1독해 문제 풀기 • 월 1권 논리적인 흐름의 한글책 읽기

어휘력 확장하기

❶ 추상적인 의미의 어휘 예문과 함께 익히기

중2 어휘가 독해에서 꼭 필요한 핵심 어휘들로 구성되어 있다면 중3 어휘는 추상적인 개념을 담고 있는 어휘들이 많다. 따라서 단순히 어휘 목록을 달달 외우기보다는 예문을 통해 문장 내에서 어떤 의미를 담고 있는지 맥락을 이해하면서 외울 필요가 있다. 학교에서 어휘를 지도할 때는 반드시 어휘가 예문의 어느 곳에 쓰였는지 형광펜으로 표시하면서 외우도록 한다. 이렇게 하면 해당 어휘가 문장에서 동사로 쓰였는지, 주어 자리에서 명사로 쓰였는지 등 단어의 품사까지 익힐 수 있어 더욱 효과적이다.

어휘력이 뛰어난 아이들의 특징은 단어가 가진 다양한 의미 중에서 문장에서 사용된 적절한 의미를 잘 파악한다는 점이다. 하나의 단어가 여러 뜻을 가진 다의어인 경우 각 단어가 해당 문장에서 어떤 의미로 사용되었는지를 파악하는 것이 문해력의 핵심이다. 어휘력이 뛰어난 아이들은 단어의 뜻을 기계적으로 암기하기보다는 예문에서 어떤 뜻으로 쓰였는지에 주목한다. 그리고 문장에서 사용된 적절한 의미를 센스 있게 파악하여 해석한다.

단어와 단어가 연결된 것이 문장이다. 그리고 문장 속 각 단어의 의미를 적절하게 연결하여 스토리를 만든 것이 해석이다. 처음 보는 지문은 혼자 해석할 수 없다며 힘들어하는 아이들에게 내가 주는 팁은 '단어로 스토리를 만들어보라'는 것이다. 각 단어가 문장 안에서 서로 연결되도록 말을 만들어보면 된다. 마찬가지로 외우려고 하는 단어가 문장 안에서 어떤 의미를 갖는지 예문을 이해하면서 외우는 것이 처음에는 더 많은 시간이 걸리고 어렵게 느껴질 수 있다. 하지만 맥락 없이 단어만 외우는 것이 독해에도, 영작에도 도움이 되지 않는다는 사실을 경험하고 나면 단어가 쓰이는 맥락의 중요성을 알게 된다. 오히려 예문을 통해 각 단어의 의미가 매끄럽게 연결되도록 스토리를 생각하면서 외우면 나중에 문장 속 단어의 의미를 파악할 때 훨씬 효과적이다. 추상적인 의미의 단어일수록 더욱 그렇다.

❷ 중3 겨울 방학 때 고교 필수 어휘 익히기

중학교 2학년 때 핵심 어휘를 반복 청취하여 익숙해졌다면 3학년 겨울 방학 때는 고등학교 필수 어휘를 암기할 수 있다. 고등학교에 가서 어휘 암기를 시작하기에는 시간이 충분하지 않으므로 미리 고등학교 1학년 어휘 목록을 예문과 함께 들으면서 익혀두어야 한다. 예문과 함께 어휘를 익히면 어휘의 품사와 맥락적 의미를 익힐 수 있는 것은 기본이고 발음과 직독직해 실력도 빨라진다는 장점이 있다.

이때는 중학교 핵심 어휘를 암기할 때처럼 철자 외우기를 위한 쓰기 연습을 하기보다 자주 듣고 자주 보면서 친숙해지는 것이 중요하다. 중학교 핵심 어휘의 스펠을 쓸 수 있을 정도로 공부했다면 단어의 철자와 발음 사이의 관계, 즉 파닉스 규칙을 이해할 수 있다. 그러면 이후의 고급 어휘들은 따로 쓰면서 암기하지 않아도 듣고 보는 것만으로도 스펠을 예상해서 쓸 수 있다. 자주 사용되지 않는 고난도 어휘들은 사실상 논술형 평가에서 만날 확률이 낮고, 모의고사나 수능처럼 처음 보는 지문에서 만나더라도 문해력을 통해 뜻을 유추하면 된다. 따라서 중학교 때처럼 많은 시간을 들여 쓰면서 외우기보다는 자투리 시간을 이용하여 자주 접할 것을 권한다.

❸ AR 3~4점대의 다양한 책 읽기

중학교 2학년까지는 챕터북 수준의 책을 읽었다면 3학년부터는 독서력 향상과 함께 다양한 종류의 읽기 경험을 쌓는 것이 좋다. 교과서와 모의고사, 수능 시험 지문을 보면 시나 소설 같은 문학보다는 광고문이나 안내문, 설명하는 글, 주장하는 글 같은 비문학 지문이 훨씬 많이 등장한다. 소설만 읽으면 비슷한 유형의 어휘만 접할 가능성이 높기 때문에 다양한 실용문을 접할 수 있는 지식서(논픽션)와 잡지, 뉴스 기사, 다큐멘터리 등으로 독서의 폭을 넓히는 것이 중요하다. 처음에 '흥미를 위한 독서'로 읽기 습관을 형성했다면 점점 읽는 책의 스펙트럼을 넓혀 다양한 어휘를 접하는 것이 좋다. 수능에서 과학, 사회, 경제, 역사 등 어려운 어휘를 다룬 지문이 등장하다 보니 해당 분야의 어휘를 따로 외우게 하는 학원도 있다. 그러나 앞서 말한 것처럼 맥락 없이 어휘만 익히는 것은 큰 도움이 되지 않는다. 다양한 지문을 통해 문장 속에서 유추하는 연습을 하는 편이 문해력 향상에 훨씬 더 효과적이다.

중학교 핵심 문법 익히기

앞서 언급한 대로 영어에서 가장 중요한 핵심 문법 내용은 중학교 2학년 때 모두 배운다. 3학년은 2학년 때 배운 부정사, 동명사, 분사, 관계대명사, 5형식 구조 등을 복습하고 관계부사나 분사구문, 가정법 등의 몇 가지를 추가로 배우는 시기다. 따라서 중학교 3학년 시기에 문법이 어렵다는 생각이 든다면 2학년 문법책을 다시 공부해야 한다.

'중학교 2학년' 파트에서 소개한 문법 시험 대비법을 그대로 활용하되, 학습 부분에서 말한 대로 주요 문법 요소들에 동그라미를 치면서 교과서 지문을 읽어보도록 한다. 고등학교부터는 추가적으로 배우는 문법 내용은 거의 없다. 시험 역시 중학교 교육과정에서 다룬 모든 문법 요소를 섞어 총체적으로 문법성을 알아야 풀 수 있는 문제들이 출제된다. 따라서 이미 배운 문법 내용을 정리하고 반복하는 차원에서 해당 요소들에 초점을 맞춰 읽으면 문법적으로 옳은 문장을 가려낼 수 있다.

겨울 방학을 이용해 중학교 문법 내용을 전체적으로 정리할 수 있는 책을 한 권 정해 스스로 끝내는 과정도 적극 추천한다. 수업 시간에 나누어 학습한 문법 요소들은 사실 영어라는 언어 체계 전체를 이루는 하나의 부분이다. 영어는 각 요소들이 따로 떨어져 구성되는 것이 아니라 각 단어와 요소들이 유기적인 관계를 맺으며 하나의 언어 체계를 형성한다. 따라서 전체적인 문법 정리를 통해 영어라는 언어의 틀을 총체적으로 이해해 놓는 과정이 필요하다.

문단 독해 연습하기

중학교 2학년 1학기까지 AR 2점대 지문으로 직독직해를 연습했다면 2학년 2학기부터는 지문의 길이가 길어지고 어휘의 수준도 다소 높아진 AR 3점대 지문을 만나게 될 것이다. 중학교 3학년은 전체적으로 AR 3점대와 4점대 지문이 섞여 있으며, 각 문단별로 담고 있는 중심 내용을 이해하는 것이 중요하다. 즉 2학년까지는 나무를 보는 직독직해였다면 3학년부터는 나무와 함께 숲을 보는 문단 독해를 할 줄 알아야 한다.

❶ 문단의 주제와 주제문에 밑줄 치며 읽기

이때부터는 독해할 때 문단의 중심 내용을 파악하며 읽는 연습을 해야 한다. 학교에서 교과서 지문 읽기 수업을 할 때 아이들에게 각 문단의 핵심 키워드(주제어, topic) 2~3개에 동그라미를 쳐보라고 한다. 대개는 문단에서 가장 많이 등장하는 단어가 중심 내용이다. 종종 새롭게 등장하는 개념(신정보)도 있는데, 이들 키워드를 연결하여 스토리를 만들면 주제가 된다. 문단의 맨 앞 또는 맨 뒤에 주제문이 명시적으로 드러나는 글일 경우 주제를 파악하기가 좀 더 쉽다. 이때 문단의 주제문에 밑줄을 치고 글의 중심 내용을 파악한 상태에서 글을 읽어내려가면 글의 나머지 부분도 주제문과 같은 맥락에서 정확하게 독해할 수 있다.

이렇게 파악한 문단의 중심 내용을 그 문단 옆에 영어 또는 한글로 적어본다. 주제는 주제문을 명사구로 바꾼 형태다. 처음부터 명사구로 주제를 정리하기 어렵다면 파악한 키워드들을 옆에 적어보는 것부터 시작하면 된다. 독해 경험이 쌓이다 보면 빠르고 정확하게 문단의 핵심 내용을 파악할 수 있을 것이다.

❷ 1일 1독해 연습하기

고등 이후에는 교과서뿐만 아니라 다양한 모의고사 지문을 함께 학습하게 된다. 긴 호흡의 글을 많이 읽어 영어 지문에 익숙해지는 것도 좋지만 중학교 3학년 때부터 짧은 호흡의 글을 짧은 시간 안에 정확하게 읽는 기술을 함께 익혀두는 것도 중요하다.

독해 기술을 늘리는 방법은, 매일 독해 연습을 하는 것이다. 시중에 나와 있는 독해 문제집 가운데 페이지당 모르는 단어가 5개 미만인 것을 골라 하루 한 개씩 풀어본다. 이해가 어려운 문제를 오랜 시간 잡고 있기보다는 지문 1개당 1분 30초에서 2분을 넘지 않도록 집중해서 정독하고 답을 내보는 것이 중요하다. 오답률이 너무 높다면 그 문제집은 보류해두고 한 단계 낮은 문제집을 풀면서 독해 기술을 높여야 한다. 하루에 지문 1개만 푸는 이유는 앞서 언급한 것처럼 '꾸준함'을 유지하기 위해서다. 한 번에 너무 많이 풀면 지쳐서 꾸준히 해나갈 수 없다.

❸ 한글 독서력 높이기

고등학교 이후부터는 영어 지문의 수준이 높아지면서 직독직해를 할 수 있다고 하더라도 지문의 의미를 이해하기가 어려운 경우도 많다. 즉 나무는 보지만 숲은 보지 못하는 것이다. 나무가 아닌 숲을 보기 위해서는 문장들의 앞뒤 관계, 글의 전체적인 흐름, 글의 주제를 파악할 줄 알아야 한다. 다시 말해 독해력이 아닌 문해력이 요구된다. 글을 읽으면서 단순히 해석만 하는 것이 아니라 각 문장의 내용이 문단 안에서 유기적으로 어떻게 연결되는지, 글쓴이가 전달하고자 하는 메시지가 무엇인지, 그 안에 숨은 의도는 무엇인지 행간의 의미까지 파악할 수 있어야 한다. 문제에서 중심 내용이나 세부 내용이 아닌 글의 전후 관계를 묻거나 추론하는 문제가 출제되는 경우는 더욱 그렇다.

이는 사실 영어 독해력보다 한글 문해력과 연관이 깊다. 한글 지문을 읽어도 이해하지 못하는데 영어로 읽고 이해하기가 어디 쉽겠는가. 따라서 고등학교 이후 추상적인 개념과 고급 어휘, 복잡한 논리 구조를 가진 영어 지문을 이해하기 위해서는 한글로 먼저 어려운 글에 익숙해져야 한다. 한글로 된 소설책을 읽는 것도 좋지만 비문학 지문에 좀 더 익숙해지고 싶다면 실용서 읽기를 더 추천한다. 정치, 경제, 역사, 과학 등 다양한 분야의 한글 책을 선정하여 각 문단의 핵심 키워드와 중심 내용을 파악하다 보면 한글 문해력과 영어 문해력을 동시에 쌓을 수 있다.

1

4장

사교육 없이 영어 공부하는 법: 7 Why & 8 How

01

왜 영어로 보기, 듣기, 읽기인가?

영어를 잘하려면 어떻게 해야 할까? 아이의 영어를 고민하면서 나를 되돌아보았다. 부모님은 영어를 전공하신 분들도, 영어와 관련된 직업을 가지신 분들도 아니었다. 내가 영어를 처음 접한 것은 초등학교 6학년 말 방과 후 학교 수업에서였다. 정규 수업이 아닌 방과 후 수업이었던 만큼 잘해야 한다는 부담도 없었고, 내게 열심히 해야 한다고 강요하는 사람도 없었다. 처음 알파벳을 배우고 영어로 된 음원을 들으면서 새로운 언어를 배우는 것이 재밌다고 느꼈다. 그리고 재미는 꾸준한 관심으로 이어졌다. 여기서 첫 번째, 영어를 잘하기 위한 가장 큰 조건은 영어가 재미있어야 한다는 데 있다.

이후 대학에서 영어를 전공하면서 나는 매일 EBS 라디오 영어 프로그램을 찾아 듣고, 수업과 관련된 영어 교육학 전공 서적을 읽었다. 듣기와 읽기 경험이 쌓일수록 발음과 말하기 실력이 향상되는 것이 느껴졌다. 임용 시험을 준비하면서도 단기간에 영어 쓰기, 말하기 실력을 키우기 위한 전략으로 많이 듣고 읽는 데 매달렸다. 듣기와 읽기 경험이 말하기와 쓰기 실력과 직결된다는 것을 다시 한 번 느낀 순간이다. 더 자주 영어를 경험하면 할수록 실력은 향상되었다. 영어를 잘하기 위한 두 번째 조건은, 영어를 많이 접하는 것이다.

아이가 태어난 뒤에는 조금이라도 잘 키우고 싶어서 다양한 육아서를 찾아 읽었고, 자연스레 '엄마표 영어책'도 읽게 되었다. 그중에는 단계별로 접해야 할 영상물과 영어책 목록을 제공하면서 단기간에 영어를 끝내라고 하는 책이 있었다. 하지만 난 그걸 한꺼번에 구해다 줄 자신이 없었다. 어떤 책은 워킹맘인 내가 따르기 힘든 엄마표 영어 놀이 목록을 제시했다. 처음에 몇 가지를 시도해보았지만 지속하지 못하고 그만두었다. 엄마의 체력과 아이의 컨디션이 허락해야만 가능하고, 오랫동안 지속할 수 없다는 단점이 있었다. 집 안 곳곳에 활용할 수 있는 영어 표현을 붙여놓고 따라하라고 하는 책도 있었다. 이 역시 엄마가 기울이는 노력에 비해 아이의 발화로 이어지기는 생각보다 힘들다는 단점이 있었다. 게다가 특정 표현을 앵무새처럼 따라하는 것은 억지로 하는 숙제처럼 느껴졌고, 결국 그만두었다.

재미를 이길 수 있는 것은 없다

아이에게 영어를 나보다 이른 시기에, 더 많이 접하게 해주고 싶었던 나는 고민하기 시작했다. 고민 끝에 '영어 교육의 본질에 집중하자'라는 결론을 내렸다. 내가 영어를 학습한 방법을 돌아보니, 영어는 시간과의 싸움이었다. 가장 중요한 듣기와 읽기 외에는 별다른 수가 없다고 결론 내렸다. 영어를 잘하기 위한 가장 기본적이고 중요한 방법은 많이 듣고 읽는 것이라는 의미였다. 아이가 영어를 좋아하도록 아이의 흥미를 자극하는 동시에 영어를 편하게 접할 수 있는 환경을 만들어주기로 했다.

'영어로 보기, 듣기, 읽기 세 가지 활동을 매일 조금씩이라도 꾸준히 하자'라는 규칙을 세웠다. 좋아하는 만화 영상을 통해 영어를 처음 접하게 했고, 아이는 흥미를 보였다. 시간이 지날수록 아이는 영어 영상을 즐기는 모습을 보였다. 아이의 관심사를 파악하는 데도 집중했다. 좋아하는 것을 찾아 관련된 주제의 책을 보여주니 아이는 마치 '덕질'을 하듯 책읽기를 즐겼다. 아이가 좋아할 만한 영어 동요 음원을 들려주었더니 이제는 노래를 따라 부르기 시작했다.

많이 보고 듣고 읽는 것이 중요하긴 하지만 영어를 접하는 시간보다 중요한 것은 한 번을 접하더라도 아이가 영어를 즐겁게 느끼느냐의 여부다. 앞에서 여러 번 언급했지만 영어는 언어이기 때문에 꾸준히 접하지 않으면 실력이 퇴화하고, 조금 늦더라도 '가늘고 길게' 가는 것이 효과적이다. 내 경험에 비추어봐도 그렇다. 고맙게도 우리 아이는 책에서 읽거나 영상에서 본 (엄마인 나는 들려주기 어려운) 영어 표현을 자연스럽게 따라

했다. 재미있는 영어 인풋 경험이 자연스럽게 아웃풋으로 연결된 것이다.

강연을 통해 만난 어머님들이 공통적으로 후기를 통해 남겨주신 말씀을 보면 "엄마표 영어에서 가장 쉽고 중요한 것을 명료하게 알려주어 고맙다."라는 것이었다. 시중에는 엄마표 영어와 관련된 책과 자료가 넘쳐난다. 그러나 그것을 안다고 해서 다 실천할 수 있는 것은 아니다. 실천한다고 해서 결과로 이어지는 건 더더욱 아니다. 일단 엄마가 따라하기 쉬운 방법이어야 하고, 그것이 진짜 영어 실력 향상으로 이어지는지도 따져보아야 한다. 학교에서 중고등학생을 가르쳐온 나는 아이가 나중에 중학생, 고등학생이 되어서도 영어를 잘할 수 있는 방법을 적용해야 한다고 생각했다. 답은 간단했다. 청해력과 독해력 향상을 최우선으로 한 것이었다.

영어로 보기, 듣기, 읽기는 엄마가 지치지 않고 따라하기 쉬운 방법이자 아이의 청해력과 독해력을 동시에 키워줄 수 있는 방법이다. 처음부터 아이에게 말하거나 쓰기를 강요하지 않기 때문에 영어에 대한 아이의 흥미를 유지할 수 있다. 많이 듣고 읽은 경험이 실력으로 이어진다는 사실을 잊지 마라.

02

왜 영어 공부는 가늘고 길게 가야 하는가?

영어에서 '가늘고 길게'가 중요한 이유는 무엇일까? 첫째, 영어는 하루 이틀 사이에 실력이 느는 쉬운 상대가 아니기 때문이며, 둘째는 하루 이틀만 쓰고 끝내는 과목도 아니기 때문이다.

그렇다면 영어를 배울 때 시간이 오래 걸리는 이유는 무엇일까? 이에 대한 답을 찾기 위해 처음 한글을 배운 시절로 가보자. 우리는 태어나서 일곱 살이 될 때까지 무려 7년 동안이나 한글을 경험한다. 부모로부터 또는 TV나 라디오 등 일상에서 한글을 듣는 시간이 절대적으로 많다. 아이마다 조금씩 차이가 있긴 하지만 돌을 기준으로 한두 마디 말을 시작한 아이가 유창하게 말을 할 수 있기까지 몇 년이라는 시간이 걸린다. 초등학교 입학을 전후하여 한글 읽기를 배운 아이가 유창하게 읽는 수준이 되기까지도 수개월이 걸린다. 마지막으로 한글을 맞춤법에 맞게 쓰기까지 또 수년이 소요된다.

이처럼 모국어인 한글도 익숙해지기까지 단계별로 수개월에서 길게는 수년의 시간이 필요한데, 영어는 어떻겠는가? 물론 영어는 외국어이고, 한글만큼 유창하게 하기가 쉽지 않다. 그렇다고 영어를 가볍게 교양 정도로 여기고 넘어갈 수 있을까?

수능 시험에 출제된 영어 지문 중에는 미국 대학교 1학년 수준(AR 13점대)의 글도 있다. 우리나라 대학 수학 능력 시험에서 요구하는 영어 과목의 독해 능력이 국어 과목과 동일한 수준이라는 의미다. 영어를 일상적으로 사용하지 않는 EFLEnglish as a foreign language 환경인 우리나라에서 영어를 국어만큼 읽고 이해할 수 있는 방법은 하나다. 국어만큼 자주 접하고 꾸준히 그 감을 유지하는 것이다.

생애 전반에 영향을 미치는 영어니까

영어를 가늘고 길게 배워야 하는 또 다른 이유는, 영어는 대학을 졸업한 뒤에 더욱 필요한 과목이기 때문이다. 수능 시험에서 영어가 절대 평가로 바뀌면서 영어를 열심히 공부할 필요가 없다고 생각하는 학생들이 많다. 그러나 영어는 대학 입학뿐만 아니라 졸업을 위해서도 필요하다. 학과별로 요구하는 최저 점수를 받아야 졸업장을 주기 때문이다. 대학 졸업 이후 기업에 입사할 때도 여전히 많은 기업에서 영어 점수를 요구한다. 마치 영어 실력은 기본으로 갖추고 있는 것이 당연하다는 듯 영어와 관련 없는 직무에 지원하는 경우에도 토익과 텝스 점수가 있어야 한다. 어디 그뿐인가? 기업에서 승진을 위한 요건에도 영어 성적이 들어가는 경우가 많다. 나이 지긋한 직장인이 학원에 다니면서 영어 공부를 하는 것도 이상하지 않다. 게다가 요즘은 외국 바이어나 해외 지사에 있는 직원과 의사소통하는 일이 흔하다. 기업에서 고위 직군으로 갈수록 영어 말하기 실력을 요구하는데, 이는 절대로 짧은 시간에 얻을 수 없는 능력이다.

결론은, 우리 아이들은 평생 학습자로 영어를 즐기면서 배워야 한다. 영어를 학습이 아니라 생활의 일부이자 재미있는 취미생활로 여길 수 있다면 평생 영어를 즐기면서 접할 수 있을 것이다. 당장 아이가 영어 시험에서 좋은 점수를 받고 영어를 유창하게 말하는 것보다 중요한 것은 영어에 대해 좋은 감정을 갖는 것이다. 영어에 있어서는 눈앞의 결과보다 더 멀리, 더 길게 보는 태도가 필요하다.

강의를 통해 만난 어머님들께 꼭 적용하고 싶은 점을 적어달라고 하면, 많은 분들이 '눈.뜨.틀(눈뜨자마자 CD 틀기)'을 꼽으신다. 실제로 나 역시 아이가 눈을 뜨자마자 영어 음원을 틀어주었고, 이것이 습관화되자 어느 순간부터는 아이 스스로 눈을 뜨면 음원을 틀기 시작했다. 하루를 영어 듣기로 시작하고 심심할 때마다 영어를 듣는 것은 자연스럽게 다청을 할 수 있는 가장 쉽고 중요한 방법이다.

밤에 잠들기 전에 영어책을 한 권이라도 읽어주고 싶다고 하시는 분들도 많았다. 이 또한 추천하는 방법이다. 우리 아이는 조금이라도 더 이야기를 나누고 놀고 싶은 마음에 자꾸만 "한 권 더!"를 외쳤다. 피곤해도 아이가 영어책 읽기에 재미를 느낄 수 있는 황금 같은 기회를 놓치지 않기 위해 가능하면 읽어주었다. 그랬더니 어느 순간 아이 스스로 읽겠다고 하는 순간이 왔다. 아이마다 성향이 다르므로 '내가 할 수 있는 것'으로 계획을 세워 꾸준히 실행하면 된다.

아이를 어떤 방향으로 키울 것인지 비전이 있어야 한다. 부모도 사람이다 보니 처음 마음먹었을 때와 달리 제대로 실천하지 못하는 날도 있을 것이다. 그러나 '이런 아이로 자랐으면 좋겠다'라는 큰 비전을 세우고 그에 맞는 방법을 실행하다 보면 현재 나에게 부족한 것이 무엇인지 파악하기가 쉽다. 소홀한 부분이 있다면 아이와 대화를 통해 계획이나 방법을 수정한 뒤 다시 약속을 하고 지키면 된다. 영어 학습뿐만 아니라 아이를 키우는 과정 전체가 하루아침에 성과를 거두기 어렵다. 그래서 장기적인 안목으로 멀리 보고 가늘고 길게 실천할 계획을 세우는 것이 중요하다. 처음엔 별 효과가 없어 보이겠지만 어느 날 돌아보면 처음에 세운 비전대로 아이가 성장하고 있음을 깨닫게 될 것이다.

03

왜 엄마표인가?

나는 영어를 전공한 영어 교사다. 그렇지만 모든 영어 교사가 '엄마표'로 자녀를 키우진 않는다. 실제로 내 주변의 동료들은 대부분 아이를 학원에 보낸다. 내가 교사라는 이유로 아이를 집에서 가르치진 않았다는 이야기다.

내가 영어를 집에서 해야겠다고 마음먹은 것은 순전히 나의 경험에서 비롯했다. 첫 번째 why에서 밝힌 대로 영어를 잘하려면 무엇보다 영어를 '좋아해야' 한다. 영어를 좋아하려면 영어를 잘해야 한다는 압박이나 시험 성적과 같은 외적 동기보다는 내적 동기가 작용해야 한다. 영어를 접한 경험도 중요하다. 영어를 많이 접하려면 학원에서 몇 시간 노출되는 것보다 집에서 일상적으로 노출되는 것이 낫다고 생각했다. 영어에 대한 흥미와 풍부한 경험 이 두 가지를 위해 나는 학원이 아닌 가정에서의 영어 학습을 선택했다.

그런데 집에서 영어로 보기, 듣기, 읽기를 실천하다 보니 아이의 다른 부분이 보이기 시작했다. 자기주도 학습력, 문해력, 집중력, 과제 집착력, 회복탄력성, 메타인지 능력 같은 것들이었다. 그리고 이는 아이 스스로 해낼 수 있으리라는 믿음으로 이어졌다. 그 믿음은 아이를 가까이서 지켜보고, 아이의 성장을 관찰하는 데서 나온다고 생각했다. 경험에 비추어 볼 때 무엇이든 꾸준히 집중하다 보면 결국엔 잘할 수 있게 된다.

아이의 성장에 대한 믿음도 생긴다. 아이는 하루하루 몸만 성장하는 것이 아니다. 처음에는 하루 한 페이지도 읽지 못하던 아이가 어느 날은 한 권을 다 읽는다. 영어로 한마디도 못하던 아이가 어느 날은 재밌었던 영어 대사를 줄줄 읊는다. 학원에 다니는 다른 아이와 내 아이를 비교하는 것이 아니라 어제의 아이와 오늘의 아이를 비교하여 '성장'한 오늘에 초점을 맞춘 것이다. 그렇게 시간이 흐를수록 아이의 능력을 믿게 되었고, 아이가 앞으로 더 크게 성장할 것이라는 확신을 갖게 되었다.

내 아이의 성장을 가장 확실하게 볼 수 있는 방법

엄마는 학교에서 아이가 어떻게 생활하고 어떤 수행 능력을 발휘하는지 정확하게 알지 못한다. 학원에서의 생활도 마찬가지다. 직접 보지 못하기 때문이다. 아이가 가져온 교재나 숙제조차 관심 있게 봐주기가 어려운 게 사실이다. 그러니 알아서 잘했을 거라 믿는다. 엄밀히 말하면 아이 공부를 봐줄 시간이 없어서 학원에 보내는 게 아니라 아이를 잘 알지 못하거나 아이를 믿지 못해서 학원에 보낸다. 학원 선생님의 말을 듣고 그 커리큘럼만 따라가면 아이가 잘할 거라 생각한다. 그런데 실제로 아이를 가까이서 지켜보면 내 아이가 무엇을 잘하고 무엇을 어려워하는지 알 수 있다. 내 아이에게 무엇이 필요한지가 보이고, 대화를 통해 공부하는 방법을 찾아나갈 수 있다. 이 과정에서 아이도 자기 자신을 좀 더 정확하게 이해하게 되고, 자신에게 필요한 것을 찾아 나가면서 '메타인지 능력'을 키울 수 있다.

강의에서 만나는 어머님들께 가장 먼저 드리는 말씀이 있다. 내가 내 아이의 전문가라는 생각을 가지라는 것이다. 직업이 교사인 만큼 나는 학교에서 만난 아이들을 내 자식 가르치듯 지도하고 싶다. 하지만 한 반에 30명이 넘는 아이들의 개별적인 특징을 다 파악하여 그에 맞춰 가르치기는 힘든 일이다. 게다가 학기마다 대여섯 반 정도의 교실에 들어가니 적게는 150명에서 많게는 200명에 가까운 아이들을 만나야 한다. 한 명의 교사가 백 명이 넘는 아이들의 흥미와 관심사, 선호하는 학습 방식, 이전 학습 경험 등을 모두 알고 지도하는 건 사실상 역부족이다. 학교뿐만 아니라 학원 역시 상황은 비슷하다. 한 아이만 집중해서 지도할 수 없기 때문이다. 결국 내 아이를 가장 사랑하고 가장 잘 아는 사람은 부모다. 부모만이 아이의 관심사와 성장에 대해 정확히 파악할 수 있다. 필요한 경우 학원이나 외부에 도움을 요청할 수는 있지만 이때도 주도권은 부모가 가지고 있어야 한다.

많은 부모님이 아이가 초등학교 입학을 앞두고 있거나 저학년에서 고학년으로 갈 때 불안해한다. 그 마음을 이기지 못하고 결국 학원 문을 두드리는데, 내가 만난 학부모님 중에도 그런 경우가 꽤 있었다. 워킹맘이라서 일을 해야 하고, 영어에 자신이 없어서 직접 아이를 가르치는 것은 어려워 학원에 보낸다고 했다. 결과가 좋았으면 다행이었겠지만 아이는 학원에 다닌 뒤 과도한 숙제 때문에 영어 거부감이 심해져 결국 영어에서 손을 놓았다고 한다.

어머님들을 만날 때마다 영어 교육에서 가장 중요한 것은 아이가 영어에 대한 흥미를 가지고 영어를 접하는 경험이라고 강조한다. 이 말에 다시 시작해보겠다는 말씀을 들으면 행복하다. 엄마의 관심과 믿음은 배신하는 법이 없다.

04

왜 인풋 양이 중요한가?

영어를 외부로부터 받아들이는 것receptive skill을 인풋input이라 하고, 외부로 표현하는 것productive skill을 아웃풋output이라고 한다. 듣기listening와 읽기reading는 인풋 기술이고, 말하기speaking와 글쓰기writing는 아웃풋 기술이다. 듣기 인풋은 말하기 아웃풋으로 이어지고, 읽기 인풋은 쓰기 아웃풋으로 이어진다. 즉 충분한 양의 듣기 연습이 되면 자연스럽게 말하기가 가능해지고, 충분한 양의 읽기 연습이 되면 자연스럽게 쓰기가 가능해진다. 하지만 이는 각각 분리된 것이 아니라 동시에 일어나기도 한다. 영어로 된 동영상을 볼 때 듣기와 읽기가 동시에 이루어지고, 영어로 프레젠테이션을 할 때 말하기와 쓰기가 동시에 이루어지는 것처럼 말이다.

2022 개정 교육과정에서는 의사 전달 방식의 경계와 구분이 사라지는 현 상황을 반영하여 영어의 네 가지 기술인 듣기, 말하기, 읽기, 쓰기를 따로 구분하지 않고 이해(인풋)와 표현(아웃풋)으로만 구분한다. 앞으로 정보 통신 기술이 발달함에 따라 다양한 언어 기술이 결합된 형태의 의사소통은 더욱 늘어날 것이다.

일상 속 영어 노출 습관인 영어로 보기, 듣기, 읽기를 꾸준히 하다 보면 언어의 네 가지 기술이 유기적으로 연결되어 있다는 사실을 알게 될 것이다. 네 가지가 따로 떨어져 있는 것이 아니라 긴밀하게 영향을 주고받는다는 사실이다. 어디선가 읽은 문장이 말할 때 나오기도 하고, 언젠가 들은 문장이 글을 쓸 때 나오기도 한다. 변하지 않는 것은, 인풋이 아웃풋에 영향을 미친다는 사실이다. 의식적이든 무의식적이든 한 번이라도 인풋을 통해 경험한 것만이 아웃풋으로 나올 수 있다. 모르는 표현은 말로든 글로든 절대로 나올 수 없다. 내 사전 속에 그 표현이 없기 때문이다. 영어에서 인풋 양을 강조하는 이유가 여기에 있다. 차고 넘칠 만큼의 인풋 양이 채워지면 아웃풋은 강요하지 않아도 저절로 나온다.

충분히 받아들여야 충분히 표현할 수 있다

인풋 양이 중요한 이유는 단지 글쓰기와 말하기의 유창성fluency 때문만이 아니다. 표현의 정확성accuracy을 위해서도 인풋 양은 중요하다. 앞서 문법 파트에서 살펴본 것처럼 특정 문법 내용을 배우고 난 뒤에는 충분한 양의 인풋이 뒤따라야 한다. 아이가 어떤 문법 내용이나 영어 표현을 인식했다고 치자. 그렇다면 이후에는 인풋 경험을 통해 그것을 반복적으로 확인하는 작업이 이어진다. 이 과정에서 아이는 영어라는 언어 체계를 머릿속에 세워가고, 아이의 중간언어interlanguage는 점점 정교해진다. 이런 다양한 인풋 경험을 통해 특정 언어 형식에 대한 인식을 높이는 counsciousness raising 과정에서 영어의 정확성accuracy이 발달한다.

말하기와 글쓰기 같은 표현(아웃풋) 기술에서 유창성과 정확성은 둘 다 중요하다. 영어 수준이 낮을 때는 유창성에 초점을 맞춰 자신 있게 영어로 표현할 수 있도록 장려하지만 수준이 올라갈수록 유창성은 물론 정확성까지 갖추도록 유도해야 한다. 다시 말해 아이가 처음 영어를 접할 때는 유창한 표현을 위해, 이후 아이의 수준이 높아졌을 때는 정확한 표현을 위해 인풋 양이 중요하다고 할 수 있다.

인풋의 중요성을 강조하는 강의가 끝나고 나면 많은 어머님이 반성의 표정을 지으신다. 그동안 아이에게 왜 영어로 말하지 않느냐고 다그치고, 왜 독해 문제를 많이 틀렸냐고 화를 냈다는 것이다. 영어 노출량 확보를 위한 노력보다는 아이에게 책임을 돌렸다고 반성하는 분도 계셨다. 영어를 듣고 읽은 경험이 많을수록 표현이 유창해지는 것은 당연하다.

만약 아이가 영어로 말하기를 어려워한다면 그건 아는 어휘가 많지 않거나 알고 있는 표현을 어디에 써야 할지 잘 몰라서다. 영어로 보기, 듣기를 통해 어떤 상황에서 어떤 표현을 쓰는지 확인하고, 발음을 충분히 익히면 자연스럽게 말하기가 가능해진다. 또 아이가 영어로 쓰는 것을 힘들어한다면 그건 철자 쓰기가 어렵거나 어떤 식으로 쓰는 것이 영어에서 맞는 표현인지 모르기 때문이다. 영어로 읽기를 통해 영어로 된 글과 철자에 익숙해지면 자연스럽게 글쓰기도 가능해진다.

1만 시간의 법칙은 어떤 일이든 충분히 숙달하기 위해서는 10,000시간이 필요하다고 말한다. 아이가 유창하고 정확하게 말하고 쓰는 모습을 보고 싶다면 적어도 1만 시간 정도는 듣고 읽을 수 있도록 해주자.

왜 도서관인가?

영어책 읽기의 중요성은 알지만 어떤 책을 읽어줘야 할지, 어떻게 읽어줘야 할지 고민하는 분들이 많을 것이다. 아이의 현재 영어 수준을 파악해서 수준에 맞는 책을 읽어주고 싶은데 말처럼 쉽지 않다. 이럴 때 활용할 수 있는 것이 바로 도서관이다.

도서관은 다양한 영어책을 준비해 놓고 책을 빌려 갈 사람들을 기다리는 곳이다. 무엇을 사야 할지, 어떤 책으로 시작해야 할지 모르겠다면 일단 도서관에 가서 빌려볼 것을 추천한다. 자동차를 직접 몰아보지 않고는 운전 기술을 익힐 수 없듯이 직접 골라보지 않고는 영어책 고르는 방법을 익힐 수 없다. 막연하게 고민하기보다 도서관에 가는 것이 먼저다.

처음부터 아이에게 좋아하는 책을 고르라고 하면 아이는 부담스러워 한다. 책에 흥미가 없는 아이라면 더욱 그럴 것이다. 처음에는 엄마가 먼저 책을 고르는 모습을 보여주는 것이 좋다. 아이가 좋아하는 주제의 책 제목이 있는지도 살펴야 한다. 책을 뽑아보았는데 표지에 들어 있는 그림이 아이 마음에 들지 않을 수도 있다. 그럼 다시 꽂아두면 된다. 제목과 표지 그림은 흥미로운데 막상 책을 펼치니 아이가 싫어하는 그림과 글씨체가 나올 수도 있다. 그럼 제목을 본 것으로 만족하고 역시나 다시 꽂으면 된다. 펼치자마자 아이가 관심을 보이며 그 자리에서 읽는 책도 있을 것이다. 다시 읽고 싶은 생각이 든다면 아이는 그 책을 빌리겠다고 할 것이다. 읽고 싶지만 빌리고 싶을 정도는 아닌 책이라면 그 자리에서 훑어보기만 해도 수확이다. 이렇게 책을 들었다 놓았다 고민하고 눈으로 보고 손으로 집어보는 과정에서 책을 보는 아이의 안목이 높아진다. 패션에 관심이 많은 사람이 패션 잡지나 여러 사이트, 블로그 등을 보면서 트렌드를 파악하고 감각을 키우듯 책에 관심을 가지고 도서관에서 자주 책을 둘러볼수록 책을 고르는 안목이 좋아진다.

도서관을 적극 활용해야 하는 이유

우선 엄마가 읽어주기 좋은 책을 선택하면 된다. 책을 읽어줄 엄마가 기쁘지 않으면 아이에게도 그 감정이 그대로 전달된다. 그러니 처음에는 엄마 마음에 드는 그림과 내용의 책을 빌리고, 이후에는 아이와 대화를 통해 아이의 선호도를 파악해서 빌리면 된다.

아이들은 익숙한 것을 좋아하기도 하지만 새로운 것도 좋아한다. 처음 보는 책을 바로 좋아하는 경우는 거의 없다. 익숙하지 않으니 처음에는 거부할 확률이 높다. 그래서 아이의 기분이 좋은 순간을 놓치지 않고 파고드는 것이 좋다. 그러다 보면 낯설었던 책에 익숙해지고, 어쩌면 그 책이 나중에는 아이가 가장 좋아하는 책이 될 수도 있다. 익숙한 책을 반복해서 읽다 보면 어느 순간 아이는 새로운 이야기를 원할 것이다. 아이들의 이런 성향을 고려하여 만든 것이 바로 챕터북 시리즈다. 챕터북은 매권 같은 주인공이 등장하고 이야기의 흐름도 전체적으로 비슷하기 때문에 아이 입장에서는 익숙함과 새로움을 동시에 느낄 수 있다. 책을 빌릴 때는 아이에게 익숙한 책과 새롭게 읽었으면 하는 책을 7대 3 비율로 빌리는 것이 좋다.

또한 책을 빌릴 때는 음원이 포함된 것을 함께 빌릴 것을 추천한다. 영어 교육에서 듣기listening와 읽기reading를 결합한 활동은 변해가는 의사소통 방식을 반영한 것이기도 하지만 아이에게 의미와 소리와 철자를 동시에 제공한다는 점에서도 매우 효과적이다. 아이는 음원에서 들은 내용을 책으로 확인하면서, 반대로 책에서 읽은 내용을 음원으로 확인하면서 시너지 효과를 얻는다. 이렇게 반복적으로 결합된 형태의 인풋을 경험하면서 아이 머릿속에 영어라는 언어 체계가 조금씩 형성되고, 이는 곧 아웃풋으로 드러난다. 듣기, 말하기, 읽기, 쓰기는 유기적인 관계를 가지며 선순환하기 때문이다.

도서관에서 책을 빌리면 장점이 많다. 우선 앞서 말한 것처럼 도서관에는 다양한 종류의 책이 있고, 그런 만큼 선택지도 많다. 마치 뷔페에서 음식을 골라 담듯 아이의 취향을 존중하며 원하는 책을 볼 수 있다. 둘째, 책을 빌렸다가 아이가 읽지 않으면 다음 방문 때 그대로 반납하면 되니 부담이 없다. 이건 매우 중요한 점이다. 돈을 지불하고 책을 샀는데 아이가 읽지 않으면 읽으라고 강요하거나 다음번에 책을 살 때 망설이게 된다. 이런 일이 반복될 경우 책을 통한 즐겁고 자연스러운 영어 습득은 어려운데 빌린 책은 그런 부담이 없다. 셋째, 도서관에서 책을 읽는 다른 아이의 모습을 보면서 책 읽는 재미를 배울 수 있다. 그리고 마지막 넷째, 도서관에서 진행하는 다양한 프로그램에 참여할 수 있어 책과 더 가까워질 수 있다.

영어 그림책에서 리더스북으로, 리더스북에서 챕터북으로, 챕터북에서 소설책으로 넘어갈 때 고비가 올 것이다. 페이지당 글밥은 많아지는데 글씨는 작아지고 그림은 적어지기 때문이다. 아이가 쉬운 수준의 책을 읽으려 할 때 무리해서 읽기 수준을 높이려는 실수는 범하지 마라. 애써 쌓아온 공든 탑이 무너질 수 있다. 엄마의 마음속 목표는 '영어책 읽기를 통해 영어 문해력 향상과 학습력 키우기'이지만 그것을 아이에게 들켜서는 곤란하다. 아이의 머릿속에 '영어책은 재미있고 영어는 해볼 만한 것'이라는 생각이 있어야 한다.

아이가 쉬운 수준의 책만 읽으려 하는 것은 아직 그 단계의 책을 정복하지 못했기 때문이다. 반복적으로 같은 책을 읽어 내용을 완전히 이해하고 싶은 것이다. 차고 넘치게 반복하다 보면 언젠가 그 책은 열어보지도 않는 날이 올 것이다. 그러니 아이가 쉬운 책을 고집하더라도 조바심을 내거나 다른 책을 빌리자고 설득하지 말고 아이의 책 읽기 수준을 옆으로 넓혀준다는 마음으로 해당 수준의 책을 충분히 빌려주기를 권한다. 해당 단계에 있는 책은 모두 빌려주겠다는 마음으로 접근하는 것도 즐거운 경험이 될 것이다.

Why 06

06

왜 독서를 통한 그릿과 학습 두뇌가 중요한가?

매년 11월 중순이 되면 수능을 치르는 고3 아이들을 만난다. 해뜨기 전 칠흑 같은 어둠을 뚫고 아이들과 함께 수능 시험장으로 들어간 교사들은 해가 지기 전까지 시험장에서 나올 수 없다. 최선을 다해 12년이라는 시간을 달려온 아이들과 고사장에서 종일 함께 긴장의 시간을 보낸다. 잔뜩 긴장한 표정으로 문제를 푸는 아이들의 모습을 보고 있으면 뭉클한 마음에 눈물이 핑 돌기도 한다. 오늘을 위해 이 아이들은 얼마나 많은 일을 겪었을까? 동시에 늘 아이와 함께했을 부모님들의 모습도 겹친다.

수능 당일, 아이는 오롯이 혼자 하루를 감당해야 한다. 긴장되고 떨리고 두렵기도 한 그 시간을 12년간 쌓아온 학습 내공으로 견뎌야 한다. 어떤 아이는 상대적으로 편안한 마음으로 그동안 준비한 것을 발휘할 테고, 어떤 아이는 불안하고 힘든 마음으로 미지의 터널을 지날 것이다.

초등학교 1학년 때부터 고등학교 3학년까지 아이들이 겪어온 과정은 결코 순탄하지 않았을 것이다. 열심히 한 만큼 좋은 결과를 맛본 경험도 있을 것이고, 노력만큼의 결과가 나오지 않아 좌절했던 경험도 있었을 것이다. 단거리 질주가 아닌 마라톤에 비유되는 12년 동안 아이는 롤러코스터를 타듯 오르락내리락했을 것이다.

그릿과 학습력을 만드는 힘, 독서

12년이라는 공부 여정에서 아이들이 꼭 키워야 하는 두 가지가 있다. 바로 그릿GRIT과 학습 두뇌다. 학습은 이 두 가지를 키우는 방향으로 이루어져야 한다. 이 두 가지를 가진 아이는 어떤 상황에서도 어려움을 이겨내고 원하는 결과를 얻을 수 있다. 그러면 이 두 가지의 의미는 무엇이며, 왜 필요할까?

첫째, 그릿GRIT은 열정과 끈기의 결합으로, 실패한 뒤에도 계속 시도하는 불굴의 의지를 나타낸다. 미국의 심리학 교수 앤절라 더크워스Angela Duckworth가 밝혀낸 개념으로, 학업 성취가 좋은 아이와 그렇지 않은 아이의 차이는 지능 지수IQ에 있지 않다는 점에 주목, 성공한 사람들의 공통점을 연구한 결과다.

내가 학교에서 관찰한 학업 성취도가 높은 아이들만 봐도 단순히 머리가 좋기보다는 포기하지 않고 끈기 있게 시도하는 모습이 강하다. 그 아이들을 보며 머리가 좋다고 좋은 성적을 거두는 것이 아니라 머리를 넘어서는 끈기와 열정, 인내, 근면이 최상위권을 만든다는 믿음을 갖게 되었다. 아이들은 학업 과정에서 숱한 어려움과 좌절을 만난다. 그때마다 옆에서 부모와 교사가 격려해줄 수 없다. 결국 아이는 스스로 격려하며 나아가야 한다. 그릿은 바로 그 힘이다.

아이가 그릿을 가지려면 스스로 목표를 세우고 끝까지 해낸 경험이 있어야 한다. 교사나 부모 주도의 목표가 아닌 아이 스스로 계획을 세우고 끝내 본 경험 말이다. 그릿을 키우기에 가장 간단하고 중요한 방법은 독서다. 책을 읽는 과정에서 아이는 이해되지 않거나 어려운 부분을 만나게 된다. 포기하고 싶지만 끝까지 읽고 나서 얻을 성취감을 위해 아이는 참아낸다. 이러한 독서 경험은 아이에게 다른 책도 끝까지 읽어낼 힘을 준다. 이 과정이 반복되면서 독서 근력이 늘어나고, 아이는 당장 결과가 나오지 않더라도 끝까지 과제를 끌고 가는 그릿을 키우게 된다.

둘째, 학습 두뇌는 쉽게 말해 학습력이다. 즉 스스로 생각하는 힘이다. 나는 책을 읽으면 저절로 키워지는 문해력이 곧 학습력이라고 강조한다. 학교에서 이루어지는 모든 학습은 글에 기반을 두고 있고, 글을 이해할 수 있는 아이는 교육 과정을 잘 따라갈 수밖에 없기 때문이다. 똑같은 내용을 가지고 똑같은 시간 학습해도 학습 결과는 아이마다 다르다. 차이는 아이의 학습력에서 나온다. 컴퓨터에 비유하면 CPU 사양이 좋은 아이일수록 빠르고 정확한 결과를 만들어낸다.

우리는 흔히 공부 잘하는 아이는 머리가 좋을 것이라고 생각한다. IQ는 선천적인 것으로, 모든 부모가 물려줄 수 있는 것은 아니다. 그러나 학습 두뇌, 즉 학습력은 얼마든지 후천적으로 키워줄 수 있다. 아이 스스로 생각할 경험을 주면 된다. 스스로 생각하게 만드는 가장 쉬운 방법은 독서다. 아이는 책을 읽으면서 무수히 많은 생각을 하기 때문이다.

왜 시험 점수의 차이가 벌어지는가?

아이가 초등 저학년에서 고학년이 되는 시점, 그리고 중학교 입학을 앞둔 상황에서 엄마들은 많이 불안해한다. 아이가 학교에서 받아올 시험 점수를 벌써 걱정하는 부모도 많다. 학창 시절 영어 때문에 어려움을 겪은 부모의 걱정은 더욱 크다. 그러나 너무 걱정하지 않아도 된다. 아이들이 가진 영어 실력은 거의 비슷하기 때문이다. 학업에 전혀 관심이 없는 경우가 아닌 이상 아이들 모두 수업에 집중하고 공부도 열심히 한다. 그런데 수업 시간에 열심히 하고 발표에 적극적임에도 불구하고 유독 시험만 보면 점수가 나오지 않는 아이가 있다. 반대로 수업 시간에는 있는 듯 없는 듯하지만 시험 결과로 존재를 드러내는 아이도 있다. 이런 차이는 어디에서 오는 걸까?

시험 점수의 차이는 놀랍게도 아이가 가진 힘에서 나온다. 아이는 영어를 몰라서 틀리는 것이 아니라 알고 있는 내용을 꺼내어 쓰지 못해서 틀린다. 다시 말해 점수를 결정하는 것은 시험 상황에서 발휘되는 과제 집중력과 문제 해결력이다. 어떤 문제를 만났을 때 자신이 알고 있는 지식과 정보를 꺼내어 해결할 수 있는지 없는지가 관건이라는 말이다. 그러면 그 차이는 또 어디서 오는가? 무언가를 끝까지 차분하게 해본 경험이 있느냐 없느냐에서 온다.

아이의 힘을 믿고 기다려준다는 것

아이가 학업에서 좋은 결과를 얻기 바란다면 문제 해결력을 키워주는 데 집중해야 한다. 아무리 많은 지식을 머릿속에 담고 있어도 그걸 적재적소에 활용하지 못하면 아무 소용이 없다. 구슬이 서 말이라도 꿰어야 보배라는 말이 여기서 통한다. 너무 많은 지식을 주입하다 보면 오히려 아이는 공부에 흥미를 잃거나 다른 돌파구를 찾는다. 문제 해결력과 과제 집중력은 자신이 좋아하는 일에 매진해본 경험에서 나온다. 여기서 포인트는 '자신이 좋아하는'에 있다. 관심 있고 좋아하는 일이어야만 힘이 들어도 중간에 포기하지 않는다. 이렇게 끝까지 해내는 과정에서 문제에 당면했을 때 다양한 방법을 동원해 해결하는 힘인 문제 해결력이 키워진다. 동시에 끈기를 갖고 밀고 나가는 힘인 과제 집중력도 함께 기를 수 있다.

아이에게 무조건 많은 학습량을 강요하기보다는 스스로 무언가를 할 수 있는 시간과 기회를 줄 것을 권한다. 자신이 좋아하는 요리를 만들어 볼 수도 있고, 인상적인 주제로 그림을 그릴 수도 있다. 새로운 무언가가 궁금해서 관련 책을 읽어볼 수도 있고, 춤을 잘 추고 싶은 마음에 반복해서 연습을 할 수도 있으며, 퍼즐이나 보드게임에서 이기고 싶어서 연습을 할 수도 있다. 아이가 집중할 수 있도록 적극적으로 지지해주되 한 가지만 유의하면 된다. 유튜브 영상을 보거나 친구의 SNS를 보는 것처럼 다른 사람이 만든 콘텐츠를 이용하는 것이어서는 안 된다. 아이 스스로 창의력을 발휘해 새롭게 창조해낸 것이어야 의미가 있다. 다른 사람의 콘텐츠를 이용하는 것은 수용이지 창조가 아니기 때문이다. 아이 스스로 원하는 목표를 세우고, 될 때까지 도전하고, 전략을 세워 수정하는 과정은 아이에게 작은 성공 경험을 가져다준다. 스스로 문제 해결력을 갖춘 아이는 이후 그 힘을 발휘할 기회를 잡을 것이다.

또 하나, 부모가 자녀의 시험 점수에 지나치게 많은 관심을 갖는 것은 좋지 않다. 학교에서 종종 '시험 불안'이 큰 아이들을 보곤 하는데, 이런 아이들은 긴장이 높은 나머지 중간에 화장실을 자주 가거나 시험 시간에 집중하지 못하는 모습을 보인다. 시험을 보고 나서는 알고 있는 걸 긴장해서 틀렸다며 속상해하기도 한다. 상담을 통해 아이의 내면을 들여다보면 성적에 대한 부모님의 과도한 관심 때문에 시험에 집중하기 어려웠다고 고백한다.

안타깝게도 아이의 학습 과정에는 별 관심을 두지 않다가 시험 결과가 나올 즈음에야 아이에게 관심을 보이는 부모들이 생각보다 많다. 그러면 아이들은 과정이야 어떻든 결과만 좋으면 되는 거 아니냐는 생각을 갖게 된다. 그러나 아이가 좋은 결과를 얻기 바란다면 결과가 아닌 아이의 학습 과정에 대한 관심이 우선이다. 학습 과정에 어려움은 없는지, 어떤 학습 방법이 아이에게 적절한지, 더 필요한 것은 없는지를 묻고 시험 결과에는 열린 태도를 보여야 한다. 과정이 좋으면 결과도 좋을 수밖에 없다. 아이가 과정을 충실히 수행하도록 돕고 잘할 것이라고 믿어주면 아이는 자연스럽게 좋은 결과를 보여줄 것이다.

08

중학교 영어 수준은 얼마나 될까?

중학교에 들어가서 배우는 영어가 아이에게 너무 어렵지 않을까, 어려워서 수업을 따라가지 못하는 건 아닌가 걱정하는 부모가 많다. 초등학교와 달리 중학교에서는 지필평가와 수행평가도 치르고, 성적이 고입을 위한 내신 점수에 반영되기 때문이다. 다른 아이들에 비해 준비가 소홀한 상태로 중학교에 입학하는 건 아닌가 하는 불안한 마음에 미리 학원에 보내는 경우도 많다. 그러나 앞서 우리나라 교과서 수준을 미국의 학년 기준인 AR 지수로 비교한 표(114쪽)에서 보았듯이 중학교 2, 3학년도 AR 3점대(미국 초등학교 3학년) 수준이다. 지문의 내용이 어렵다기보다 영어로 된 글을 접해본 경험이 부족하다는 사실이 아이들을 위축되고 힘들게 만든다. 결론부터 말하면, 앞서 학년별 로드맵에서 이야기한 것처럼 중학교 입학 전에 AR 3점대까지의 책을 듣거나 읽은 경험이 있는 아이라면 중학교 영어 공부도 무리 없이 따라갈 수 있다.

영어책 읽기는 중학 영어를 위한 예습 자료

중학교 2학년 교과서 지문과 AR 3점대 챕터북을 비교한 사진이다.

왼쪽은 중학교 2학년 시험에 나온 지문과 문제이고 가운데와 오른쪽은 우리 아이가 초등학교 3학년 때 즐겨 읽었던 《Garfield and the Santa spy》라는 책의 표지와 내용이다. 왼쪽 지문에서 네 번째 줄의 'I saw a baby elephant drinking water beside her mother.'라는 문장을 보자. 5형식 구조의 문장에서 지각동사가 사용될 경우 목적격 보어 자리에 현재분사ing를 쓸 수 있다는 문법 내용을 보여주기 위해 만들어진 문장이다. 이

그림1. 중학교 2학년 교과서 지문과 AR 3점대 챕터북 비교

9. 다음 글을 읽고 답할 수 없는 질문은? [4점]

Notes: Today was my first day in Africa. I took lots of pictures of elephants. This morning, I found an elephant group by a small water hole. I saw a baby elephant drinking water beside her mother. Her eyes were as bright as stars. I gave her a name, Stella. Around noon, I saw a group of lions approaching Stella. The elephants stood around Stella and made a thick wall. Thanks to them, Stella was safe.

① What kind of pictures did I take?
② What did I find this morning?
③ Why am I interested in elephants?
④ When did I see a group of lions approaching Stella?
⑤ How did the elephants protect Stella from the lions?

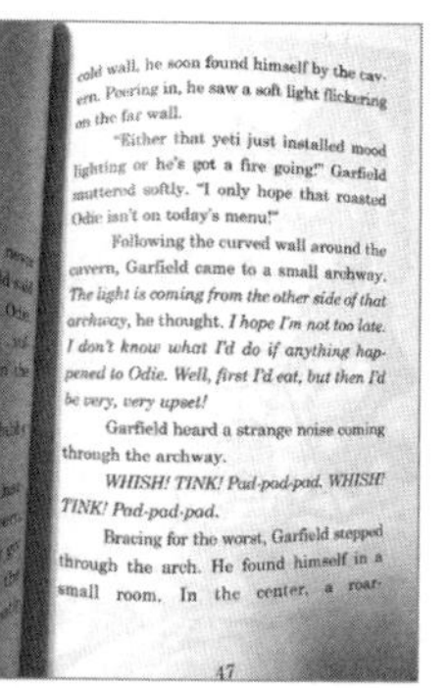
cold wall, he soon found himself by the cavern. Peering in, he saw a soft light flickering on the far wall.

"Either that yeti just installed mood lighting or he's got a fire going!" Garfield muttered softly. "I only hope that roasted Odie isn't on today's menu!"

Following the curved wall around the cavern, Garfield came to a small archway. *The light is coming from the other side of that archway*, he thought. *I hope I'm not too late. I don't know what I'd do if anything happened to Odie. Well, first I'd eat, but then I'd be very, very upset!*

Garfield heard a strange noise coming through the archway.

WHISH! TINK! Pad-pad-pad. WHISH! TINK! Pad-pad-pad.

Bracing for the worst, Garfield stepped through the arch. He found himself in a small room. In the center, a roar-

47

단원에서 아이들은 해당 구조의 문장이 익숙해질 때까지 반복해서 익히고 문장에 직접 적용하는 연습을 한다.

이제 오른쪽 그림을 보자. 'Garfield heard a strange noise coming through the archway.' 이 문장 역시 5형식 구조에서 지각동사가 사용되어 목적격보어 자리에 현재분사가 사용되었다. 만약 초등 때 이런 챕터북을 자주 접해온 아이라면 이런 구조의 문장이 전혀 낯설지 않을 것이다. 이미 초등학교 때 중학교 2학년이 되어 배울 문법 내용과 AR 3점대의 지문을 만난 셈이기 때문이다. 이 문장이 문법적으로 맞는지 틀렸는지를 말로 설명하기는 어렵겠지만 아이는 직감적으로 맞는 문장이라는 걸 안다. 이렇게 자연스러운 노출을 통해 다양한 표현을 익히고, 데이터로 축적화하여 머릿속에 하나의 체계를 형성하면 영어에 대한 두려움이 적어지는 것은 물론 문법 내용도 쉽게 이해할 수 있다.

그런데 자세히 보면 오른쪽 그림 안에 또 다른 문장이 있다. 'Following the curved wall around the cavern'과 'Bracing for the worst'이다. 이 두 문장은 중학교 3학년 때 배우는 '분사구문'이다. 아이는 이런 문법을 명시적으로 배우기 전이라도 책을 읽는 과정에서 이 부분을 '동시에 일어나는 동작'으로 해석해야 한다는 것을 직감한다. 이렇듯 아이들은 책읽기를 통해 중학교 수준의 지문을 예습하는 학습적 효과를 거둘 수 있다. 더 좋은 것은, 정제된 표현만을 골라 만든 교과서 지문과 달리 이런 책들에는 실제로 현지인들이 사용하는 살아 있는 영어 표현이 담겨 있다는 점이다. 반복하건대, 영어책 읽기는 더없이 좋은 예습 활동이다.

09

엄마의 영어 실력은 얼마나 되어야 할까?

영어로 보기, 듣기, 읽기를 통해 자연스럽게 영어를 경험하게 해주는 것이 중요한 걸 알지만 그럼에도 엄마의 걱정과 불안은 여전하다. 엄마가 영어를 잘하지도 않고 좋아하지도 않기 때문이다. 강의에서 만난 어머님들은 정말 엄마의 영어 실력은 중요하지 않느냐고 반복해서 물으신다. 내가 영어 교사이기 때문에 집에서 아이를 엄마표로 가르칠 수 있었던 것은 아니냐고 하신다.

물론 아이가 단어의 뜻을 물어보거나 영어로 쓴 글에 대한 피드백을 줄 때 직업이 장점이 되는 것은 맞다. 하지만 그건 일부일 뿐이다. 중요한 것은, 엄마의 영어 실력이 아니라 코칭 실력이다. 다시 말해 엄마가 영어를 전혀 몰라도 얼마든지 아이가 영어 공부를 할 수 있도록 도울 수 있다. 공부를 하는 사람은 엄마가 아니라 아이이기 때문이다.

나는 아이가 영어에 관한 질문을 해왔을 때 바로 답을 주지 않았다. 내가 바로 답을 주면 아이 입장에서는 궁금증이 바로 해결되겠지만 쉽게 얻은 만큼 쉽게 잊어버릴 거라 생각했기 때문이다. 아이가 고민하고 몰입할 수 있는 시간을 가질 수 있도록 일부러 대답을 늦췄고, 효과적인 방법이었다고 생각한다.

엄마는 가르치는 사람이 아니라 코치다

프랑스의 교사였던 자크 랑시에르Jacques Ranciere는 《무지한 스승》에서 "학생이 그의 고유한 지능을 쓰도록 강제한다면, 우리는 우리가 모르는 것을 가르칠 수 있다."라고 말했다. 아이가 모를 것이라 생각하고 다 설명해주는 것이 아니라 아이도 스스로 할 수 있는 역량이 있다는 것을 믿어야 함을 강조한 말이다. 이 말대로 아이가 의지를 가지고 자율적으로 책과 '씨름하도록' 옆에서 자극해주는 것이 가르치는 자의 역할이다. 그는 이를 위한 중요한 방법으로 아이에게 책을 준 뒤 '아이가 본 것, 그것에 대해 생각한 것, 행한 것'을 말하도록 함으로써 아이가 온전히 학습했는지 확인할 수 있다고 했다.

나 역시 그의 말대로 아이가 책을 읽은 뒤엔 이렇게 질문했다. "가장 인상적인 장면은 무엇이었어? (본 것)", "그때 어떤 기분이 들었어? (생각한 것)", "어떻게 영어로 된 그 내용을 이해한 거야?(행한 것)." 그러면 아이는 자신이 읽은 책의 내용과 이해하게 된 과정을 마치 모험담 풀어놓듯 들려주었고, 그런 식으로 문해력을 차곡차곡 쌓아나갔다.

반복하건대, 엄마가 영어를 잘해야 아이에게 영어를 접하게 해줄 수 있는 것은 아니다. 엄마가 영어를 잘하지 못해도, 직장생활을 하느라 바빠도 얼마든 가능하다. 그중 첫 번째는 이미 여러 번 강조한 대로 영어로 보기, 듣기, 읽기를 생활 루틴으로 만들어 엄마가 없을 때도 혼자서 영어를 접하고 영어로 생각할 수 있게 만드는 것이다. 그럼에도 어려운 점이 있다면 다음과 같이 하면 된다.

- **아이가 단어 뜻을 물어본다면?**

  함께 영어 사전을 찾아보면서 사전 찾는 습관도 기르고, 영어 단어의 뜻과 발음까지 익히면 된다.

- **아이가 해석을 물어본다면?**

  그림이나 앞뒤 문맥을 보며 함께 고민하면서 해석해 나간다. 완벽하지 않아도 되니 부담은 갖지 마라.

- **아이가 영어책을 읽어달라고 한다면?**

  책에 달린 음원이나 책 읽어주는 동영상을 찾아 들려준다. 엄마의 목소리를 선호한다면 솔직하게 말하라. 엄마가 연습해서 읽어주겠다고. 아이는 엄마에게 완벽함을 원하는 것이 아니라 엄마와 함께하는 순간을 더 원한다.

- **아이가 자신이 쓴 글을 봐달라고 한다면?**

  아이에게 어떤 내용을 담았는지 물어보고 아이의 설명을 듣는다. 이 과정에서 아이는 표현력이 커지고, 엄마는 아이의 생각을 알 수 있다. 어릴 때는 정확성보다 유창성이 중요하므로 아이가 글을 쓰려고 시도한 자체를 칭찬하고 격려해주는 것이 좋다. 전체적으로 일관된 내용으로 썼는지 확인하고 긍정적인 피드백을 주면 된다.

영어는 언어이기 때문에 배우는 사람이 직접 경험하고 반드시 써봐야 한다. 그래서 옆에서 해주는 설명보다 스스로 생각하는 과정이 훨씬 중요하다. 책이나 영상의 내용을 누가 설명해주지 않은 상황에서 스스로 영어 표현을 찾아보고 고민하다 보면 문해력은 자연스럽게 성장한다.

10

영어를 좋아하게 만드는 방법은 무엇일까?

아이가 영어를 잘하기 위한 첫 번째 조건은 영어를 좋아하는 것이라고 앞에서도 여러 번 밝혔다. 영어에 대해 좋은 감정을 가지고 있어야 평생 영어 학습자로서 꾸준히 영어를 할 수 있기 때문이다. 어려운 문법 내용을 배울 때도 부정적인 선입견이 없어야 원활한 학습이 이루어진다. 그렇다면 아이가 영어를 좋아하게 하려면 어떻게 해야 할까? 일단 아이가 처음부터 영어를 좋아할 거란 기대는 버려라. 낯선 것에 대한 거부는 자연스러운 것으로, 영어로 된 영상이나 책을 처음부터 바로 받아들일 거란 기대는 낮추고 시작하는 것이 좋다.

영어를 좋아하게 하려면 첫째, '영어'라는 단어를 지워야 한다. '영어'

영상을 보여주는 게 아니라 그냥 아이가 좋아할 만한 영상을 보여주고, '영어'책을 보여주는 게 아니라 그냥 아이가 재미있어할 만한 주제의 책을 보여주면 된다. 엄마가 먼저 영어 학습을 위해 무언가를 하고 있다는 생각을 머릿속에서 지워야 부담 없이 접근할 수 있다. 쉽게 말해 영어를 목적으로 하지 않으면 된다. 엄마 역시 영어를 잘해야 한다는 부담을 내려놓고 영어의 재미를 아이와 함께 느껴야 한다.

영어를 좋아하게 하려면 둘째, 아이의 지적 호기심을 자극해야 한다. 많은 양의 영어를 보여주고 싶은 마음, 옆에서 이야기의 내용이나 단어를 설명해주고 싶은 마음은 눌러두는 것이 좋다. 아이가 조금씩 영어를 접하면서 스스로 궁금해지도록 여유를 갖고 기다리는 지혜가 필요하다. 영상을 보거나 책을 읽을 때 아이가 다음 내용을 궁금해한다면 드디어 신호가 온 것이다. 아이는 앞으로도 영어로 된 영상이나 책에 관심을 가질 것이고, 끝까지 볼 인내를 가지게 될 것이며, 해냈다는 뿌듯함과 성취감을 느낄 것이다. 이런 작은 성공 경험이 반복되면서 아이는 점점 영어에 빠지게 될 것이다.

영어를 좋아하게 하려면 셋째, 아이에게 선택권을 주어야 한다. 처음에는 엄마가 아이의 관심사를 살펴 아이가 관심을 가질 만한 책이나 음원, 영상을 준비한다. 이때 엄마가 고른 것을 무조건 강요하기보다는 선택지를 두고 아이가 직접 고르게 하는 것이 좋다. 자신이 원하는 것을 직접 선택했다는 생각은 아이에게 자신이 주도권을 가졌다고 느끼게 만든다. 엄마가 할 일은 다양한 선택지를 제공하는 것이다. 선택권을 가진 아이는 그만큼의 의무감도 지니게 된다. 점점 아이는 원하는 소재, 분위기, 스토리 전개 등을 고려하여 자신이 보고 싶은 영상이나 읽고 싶은 책을 고르게 될 것이다.

영어를 좋아하게 하려면 넷째, 어떤 형태로든 강요나 의무가 들어가서는 안 된다. 엄마표 영어를 하는 많은 어머님이 아이의 영어 실력이 진짜로 늘고 있는지를 확인할 수 없어 답답하다고 호소한다. 옆집 아이는 수백 개의 영어 단어를 외우고, 해석 문제집 몇 권을 풀고, 학원 레벨 테스트에서 높은 등급을 받았다는 말을 들으면 더 그렇다. 집에서 하는 엄마표 영어로 과연 나중에 우리 아이가 영어를 잘할 수 있을지 의심하는 일만 늘어난다. 안타깝게도 걱정과 불안은 아이에게 그대로 표출된다. 아이가 영상이나 책의 내용을 제대로 이해했는지 확인하기 위해 자세히 묻게 되고, 인풋만큼의 아웃풋이 나오지 않는 것을 답답해하면서 따라해보라고 재촉하게 된다.

엄마표 영어의 가장 큰 특징이자 장점은 영어에 대한 좋은 감정을 유지시켜 주면서 편안하게 영어를 접하게 하는 데 있다. 그런 특징을 외면한 채 아이에게 억지로 시키거나 강요한다면 아이 입장에서는 부담이 될 수밖에 없다. 아이가 영어를 자발적으로 즐기는 모습을 보았다면 앞으로 더 잘할 수 있을 것이라며 격려하고 칭찬하면 된다. 내용을 제대로 이해했는지 묻기보다는 아이가 경험한 영상이나 책의 내용이 진심으로 궁금해서 묻는 엄마가 되길 바란다. 진심으로 궁금해하는 엄마의 표정에 아이는 기쁜 마음으로 자신이 본 영상이나 읽은 책의 내용을 말해줄 것이다.

우리 아이의 경우 처음에는 책이나 영상의 내용을 매우 장황하게 풀어 놨다. 하지만 대화를 나누는 횟수가 늘어날수록 스토리가 가진 중요한 요점만 정리하여 말하는 능력이 좋아졌다. 아이 스스로 이야기의 내용을 설명하는 과정이 영어를 이해하는 문해력을 키우는 데 가장 큰 도움이 되었다고 말한다. 말하기와 글쓰기 같은 아웃풋 역시 인풋 경험이 늘어날수록 정교해지는 것을 체감할 수 있었다. 처음에는 학원을 다니는 또래 친구보다 늦는 듯 했지만 영어로 보기와 듣기를 통해 말하기 실력이 좋아지고 영어로 읽기를 통해 쓰기 실력이 좋아지면서 나중에는 차이가 없어졌다. 하지만 무엇보다 좋았던 건, 영어를 좋아하는 마음을 유지할 수 있었던 점이다.

엄마는 어떻게 코칭해야 할까?

학교에서 교사의 역할이 '지식 전달자'에서 '조력자'로 바뀌는 추세가 말해주듯 아이 스스로 탐구하고 학습할 수 있도록 코칭하는 기술은 가정에서도 매우 중요하다. 엄마가 영어를 잘할 필요까지는 없지만 코칭 기술을 가질 필요는 있다는 말이다. 내가 학교에서 아이들을 지도하거나 가정에서 아이를 대할 때 세운 코칭 기술 10가지를 소개한다. 이 기술은 영어가 아닌 다른 과목을 코칭할 때도 확대 적용할 수 있다.

❶ 엄마가 먼저 즐기기

엄마가 영어를 접하게 할 때 느끼는 감정은 아이에게 그대로 전달된다. 그러니 아이에게 영어를 권할 때는 영어를 '싫지만 해야 하는 것'이 아닌 '재밌어서 하나라도 더 하고 싶은 것'으로 대하는 태도를 보여야 한다. 엄마가 영어를 좋아하지 않는다면 약간의 연기도 필요하다. 영어가 중요하다고 해서 어렵게 대할 필요는 없다. 영어는 앞으로 평생 접해야 하고 아이에게 중요한 만큼 가볍게 접근해야 한다. 하루 이틀 하고 끝낼 과목이 아니기 때문이다.

❷ 아이가 좋아하는 것으로 시작하기

아이가 학습에 좋은 감정을 갖도록 유도하는 것은 학습 코칭 첫 단계에서 할 일이다. 아이가 학습에 대해 좋은 기억과 경험을 가지고 있으면 이후에는 어떤 코칭 방법을 써도 효과적일 것이기 때문이다. 이를 위해 시작은 아이가 좋아하는 것으로 하는 것이 좋다. 아이가 좋아하는 책을 읽어주거나 평소에 좋아하는 펜으로 공부를 시작하게 하는 식이다. 아이가 좋아하는 간식을 먹으면서 시작할 수도 있고, 학습이 끝난 후 좋아하는 게임을 하기로 약속하고 시작할 수도 있다. 학습의 과정과 좋아하는 것을 매칭하여 시작하면 이후의 학습은 생각보다 순탄할 수 있다.

❸ 아이와 공부에 대한 이야기 나누기

아이와 공부하는 목적과 계획, 방법, 전략, 성과에 대해 지속적으로 대화하는 것은 매우 중요한 코칭 스킬이다. 아이들은 공부해야 하는 이유를 스스로 깨닫기 어렵고 목표나 계획을 세워본 적이 거의 없기 때문에 대화를 통해 고민과 문제를 해결하는 것은 매우 좋은 방법이다. 무조건 아이에게 공부의 당위성을 설명하고 부모의 목표를 강요하기보다는 대화를 통해 아이가 자연스럽게 깨닫게 만드는 것이 중요하다. 질문하고 대답할 기회를 주었을 때 아이가 당장 그럴듯한 대답을 내놓지는 못하겠지만 어떤 대답을 해야 할지는 고민할 수 있다. 어떤 에피소드가 가장 재미있었는지, 지금의 영어 공부와 경험이 나중에 어떤 도움이 될지, 어떤 학습 방법이 가장 잘 맞는지를 묻고 대답하는 과정에서 아이의 문제 해결력, 전략적 사고력, 메타인지 능력이 향상된다. 이를 반복하다 보면 아이는 엄마의 도움 없이도 스스로 학습 목표와 전략을 세우고, 성과를 점검하고 계획을 수정하며, 자기 스스로 코칭하는 자기주도 학습력을 갖추게 될 것이다.

❹ 과제를 작은 단위로 나누기

분량이 과도하거나 내용이 어려운 과제를 한꺼번에 제공하면 아이는 할 수 없다고 생각한다. 자칫 겁을 먹고 도망칠 수도 있다. 과제는 작게 나누어 적당히 제시하는 것이 좋다. 쉼 없이 한 방울씩 떨어지는 낙숫물이 바위를 뚫듯 반복된 성취 경험이 쌓여 아이의 실력이 된다. 급한 마음에 빠른 결과를 보기 위해 욕심을 부리기보다는 아이에게 작은 성공 경험을 자주 맛보게 해주어라. 아이는 또 한 번의 성취를 맛보기 위해, 엄마와 기쁨을 나누기 위해 계속해서 과제에 도전할 것이다.

❺ 과정에 대해 인정해주기

아이를 자주 칭찬하는 것은 좋은 일이다. 하지만 칭찬보다 아이를 더 기쁘게 하는 것이 있는데, 바로 '인정'이다. 성인 중에도 다른 사람의 인정을 통해 자존감을 회복하거나 충족시키려는 사람이 많다. 미루어 보건대, 인정은 칭찬보다 더 큰 힘을 가지고 있는 듯하다. 어린 시절 부모의 '인정'을 자주 받은 아이는 자기 스스로 '괜찮은 사람'이라고 인식한다. 그래서 누군가에게 인정받으려 굳이 애쓰지 않아도 스스로 높은 자존감을 가지고 살 수 있다.

그렇다면 칭찬과 인정의 차이는 무엇일까? 칭찬은 주로 결과에 관한 말이지만 인정은 과정에 관한 말이다. '~을(를) 잘했다'라는 결과에 대한 칭찬은 아이에게 또 다른 성과에 대한 부담을 줄 수 있다. 잘했다는 말을 듣기 위해 성공 가능성이 높은 쉬운 과제만 하게 만드는 역효과를 부를 수도 있다. 그러나 '~을(를) 열심히 하는 모습이 멋지다'처럼 과정에 대한 인정은 아이가 과정을 즐길 수 있도록 하는 동시에 계속해서 또 다른 도전을 하게 만든다. 따라서 아이에게 결과를 칭찬하기보다는 과정을 인정해주는 말을 더 자주 들려주자. "계속 도전하는 모습이 멋져!", "어려운 내용인데 좋은 시도였어.", "잘하고 있어."

❻ 긍정적인 기대감 표현하기

아이와 학습에 대한 대화를 마칠 때는 "이렇게 꾸준히 하면 분명 좋은 결과가 있을 거야."라는 긍정적인 기대로 마무리하는 것이 좋다. 성공 경험이 없는 아이일수록 지금의 노력이 좋은 결과로 이어질 것이라는 확신이 부족하다. 따라서 부모가 먼저 긍정적인 말을 해줌으로써 아이에게 앞으로 나아갈 힘을 주는 것이 중요하다. 긍정의 말을 자주 들은 아이는 새로운 시도를 할 때 겁먹지 않고 자존감과 회복 탄력성을 무기 삼아 도전할 것이기 때문이다.

❼ 스티커처럼 습관화하기 위한 전략 짜기

학습은 습관이다. 좋은 학습 습관을 지닌 아이는 학습에서 성공할 수밖에 없다. 당장 좋은 점수를 받는 것보다 중요한 것은 꾸준한 학습 습관을 길러주는 것이다.

학습을 습관화하려면 전략이 필요하다. 우선 아이와 대화를 통해 어떤 학습 루틴을 실천할 것인지 정한다. 계획을 세우고 루틴을 정하는 과정에 아이의 의견이 반드시 포함되어야 한다. 그런 다음 매일 실천하는 것을 눈으로 볼 수 있도록 성과표를 작성한다. 하루의 루틴을 지켰을 때는 스티커를 붙여주고, 다 모으면 아이가 원하는 것 한 가지를 들어주기로 약속한다. 잦은 보상은 큰 의미가 없다. 적어도 5일 이상 지켰을 때 보상해야 의미가 있다. 매일의 성과가 쌓여야 보상받을 수 있다는 것을 아이가 확실하게 인지해야 루틴을 습관화할 수 있다. 스티커 모으는 기간을 너무 길게 잡지 않는 것도 중요하다. 기간이 너무 길면 아이와 엄마 둘 다 지치거나 잊어버릴 수 있기 때문이다. 처음에는 10일, 그 다음에는 20일 이런 식으로 늘려나가다 보면 어느 순간부터 아이 스스로 움직이게 될 것이다.

이렇게 되면 습관이 자리 잡았다고 할 수 있다.

나는 냉장고에 붙여놓은 자석을 이용했다. 네임스티커에 '영어책 읽기', '수학 문제집 1쪽 풀기'처럼 그날의 일과를 적어 냉장고 자석 위에 붙인다. 그러고는 종이에 나무 모양의 그림을 그려 냉장고에 붙인 뒤 해당 과제를 끝낼 때마다 뿌리 쪽에 붙어 있는 자석을 열매가 열리는 위쪽으로 하나씩 옮겨 붙였다. 아이는 자석을 하나씩 옮겨 붙이면서 자신이 그날 해야 할 일을 확인했다. 그리고 계획한 학습이 끝나면 스티커를 주고, 10개나 20개가 모인 날은 선물로 보상을 해 주었다.

❽ 더하고 싶을 때 멈추기

아이는 놀고 싶고 엄마는 조금이라도 공부를 더 시키고 싶다. 학교에서 만난 아이들도 마찬가지다. 아이들은 그만하고 싶고 선생님은 조금이라도 더 하고 싶다. 그런데 더 하고 싶다고 느낀 순간이 멈춰야 할 순간이다. 그 이유는 첫째, 아이는 이미 충분한 양의 정보와 자극을 흡수했기 때문이다. 하나만 더 하면 실력이 늘 것이라는 엄마의 기대는 착각이다. 이제 그만 멈추고 아이가 자신의 머릿속에 들어온 지식과 정보를 정리할 시간을 주어라. 둘째, 아직은 아이의 집중력이 짧기 때문이다. 루틴 속에서 공부 맷집(근육)이 쌓여야 늘어난다. 아이의 집중력이 떨어지기 시작하는 순간 엄마가 먼저 멈춰야 아이는 공부에 긍정적인 감정을 유지한 상태로 그날 학습을 마무리할 수 있다. 셋째, 매일 꾸준히 해나가는 공부 습관을 만들기 위해서는 조금 모자란 듯 마무리하는 것이 더 효과적이기 때문이다. 과한 것은 모자람만 못하다는 말은 진리다. 과하면 힘에 겨워 그만두고 싶고, 이는 절대 꾸준함으로 이어질 수 없다. 한 번에 많은 양을 공부한다고 그것을 다 흡수할 수 있는 것도 아니다. 양에 대한 욕심보다는 꾸준한 습관으로 루틴화하여 결국엔 아이 스스로 하게 만드는 것이 목표임을 잊지 마라.

❾ 영어를 잘하는 사람의 영상 보여주기

아이가 학습을 유난히 힘들어하는 날이 있다. 그런 날엔 학습보다 영어를 유창하게 하는 사람의 영상을 보여주면서 학습 동기를 불러일으키는 것도 효과가 있다. 아이가 좋아하는 운동선수의 영어 인터뷰 영상도 좋고, 김연아 선수가 영어로 프레젠테이션하는 모습도 좋다. 아이가 좋아하는 가수의 영어 인터뷰 장면도 좋다. 영상을 보여줄 때는 영어권 환경에서 자라서 영어를 모국어처럼 편안하게 하는 사람의 영상보다는 우리나라에서 자신의 노력으로 영어를 잘하게 된 사람의 영상을 보여주는 것이 더 효과적이다. 노력을 통해 아웃풋 기술을 기르고 세계를 무대로 활약하는 사람들의 모습에서 아이는 자신의 꿈을 확장시키고 공부에 대한 내적 동기를 얻게 된다.

❿ 아이에게 발언권 많이 주기

학습에서 주도권은 아이에게 있어야 한다. 아이가 학습자 주도성student agency과 주도권ownership을 갖게 하는 가장 좋은 방법은 아이에게 발언권을 많이 주는 것이다. 아이가 원하는 주제가 무엇인지 묻고, 아이가 원하는 방식을 묻고, 아이가 보고 느낀 것을 자유롭게 말하도록 하고, 아이에게 최대한 말할 기회를 많이 주면 된다. 말할 기회를 얻은 아이는 자신이 학습을 주도한다는 느낌을 받고, 이는 자신감으로 이어진다. 학습을 주도적으로 이끌어본 아이는 이후 혼자 있는 상황에서도 스스로 학습을 리드한다.

12

읽기의 재미는 어떻게 키워줄 수 있을까?

엄마표 영어의 최종 목적지는 영어로 읽기다. 영어로 보기는 영어로 듣기를 위한 준비이고, 영어로 듣기는 영어로 읽기를 위한 준비다. 영어를 듣는 능력을 거쳐 영어로 된 글을 읽고 이해할 수 있는 문해력을 갖췄다면 아이는 인풋 기술을 바탕으로 아웃풋도 발전시켜 나갈 수 있다. 그러면 영어로 읽기의 재미는 어떻게 심어줄 수 있을까?

아이가 영어 독서에 재미를 느끼게 하려면 첫째, 아이가 흥미를 느낄 만한 책을 잘 선정해야 한다. 책에 친숙해질수록, 읽을 만하다고 느낄수록, 흥미를 자극할수록 아이는 책과 가까워진다. 책에 친숙함을 느끼게 하는 방법은 다양하다. 평소에 자주 접해본 주제이거나 좋아하는 작가의 책이면 된다. 다른 책이나 영화에서 그 책을 만난 경우에도 그렇다. 그런데 이들은 공통점을 가지고 있다. 바로 경험이다. 즉 사전 지식prior knowledge과 관련이 있으면 아이는 그 책을 좀 더 친숙하게 느낀다. 책을 보여줄 때 아이의 경험과 연관시킬 수 있는지를 따져보는 것도 좋은 방법이라는 뜻이다.

다음으로 책이 읽을 만하다고 느끼도록 하는 방법은 무엇일까? 크라센 박사의 인풋 이론input hypothesis은 아이에게 '이해할 수 있는 인풋comprehensible input'을 제공하면 아이의 영어 실력이 향상된다고 말한다. 여기서 말하는 '이해 가능한 인풋'이 바로 책을 읽을 만하다고 느끼게 만드는 요소다. 그는 "What is being said rather than how."라고 말했는데, 아이들은 글이 어떤 식으로 적혀 있는지가 아니라 글이 어떤 내용을 담고 있는지에 집중한다는 것이다. 다시 말해 책이 어떤 단어와 언어 형식으로 이루어졌는지보다 어떤 메시지를 담고 있는지가 중요하다는 뜻이다. 한 페이지를 읽더라도 상황과 맥락을 통해 의미를 파악할 수 있다면 아이는 기꺼이 책을 집어들 것이다. 이해할 수 있는 수준에서 한 단계 높은 의미 있는 인풋일 때 아이는 도전 의식을 갖고 읽기에 집중할 것이다.

마지막으로 책이 새로운 흥미를 자극하도록 하는 방법은 무엇일까? 뻔한 소재, 뻔한 전개, 뻔한 결말의 영화나 책은 흥미를 끌지 못한다. 영어책도 마찬가지다. 친숙한 주제로 아이의 관심을 끄는 동시에 아이가 기존에 경험하지 못한 재미를 줄 수 있는 새로운 책도 함께 제공해야 한다. 그런 점에서 챕터북은 장기적인 독서 습관을 키우기에 적절하다. 챕터북은 주로 시리즈물로 되어 있는데, 권별로 같은 인물이 등장하고 스토리 전개도 비슷하지만 시리즈마다 다른 환경circumstance을 배경으로 하고 새로운 인물이 등장해 위기를 만들어내기 때문이다.

궁금해야 읽고 또 읽는다

아이가 영어 독서에 재미를 느끼게 하려면 둘째, 단 한 줄이라도 아이 스스로 이해해본 경험이 있어야 한다. 여기서 중요한 것은 '아이 스스로'에 있다. 강연에서 영어책 읽기의 중요성을 말씀드리면 아이에게 그림책을 읽어주면서 단어를 계속 설명해줘야 하냐는 질문이 꼭 들어온다. 단어를 어느 정도 학습하고 책을 읽어야 하는 것 아니냐고도 물으신다. 결론부터 말하면, 옆에서 단어를 알려주거나 단어를 미리 학습하고 책을 읽는 것은 둘 다 읽기의 재미를 떨어뜨린다. 마치 스포일러를 당하고 영화를 보는 것이나 마찬가지다. 줄거리 정도는 알고 볼 수 있지만 내용까지 안다면 그 영화에 대한 흥미가 확 떨어진다. 마찬가지로 모든 표현을 알고 책을 읽는 것은 스토리에 대한 궁금증이나 생각할 여지를 주지 않는다는 점에서 추천하지 않는다.

영어책을 읽는 것은 미지의 세계를 여행하는 것과 같다. 우리말로 된 책을 읽을 때처럼 바로 이해되지는 않지만 한 줄 한 줄 읽다 보면 어떤 이야기를 담고 있는지, 어떤 메시지를 전달하는지 알게 되기 때문이다. 그리고 그 순간 기쁨이 온다. 단순한 사실을 나열해서 쉽게 읽히는 문장이 있는가 하면 글쓴이의 유추나 판단, 의견이 들어 있어 좀 더 곱씹어야 이해되는 문장도 있다. 이렇게 곱씹는 과정에서 아이는 앞뒤 문맥을 고려하여 단어의 뜻이나 문장의 의미를 파악한다. 이렇게 주변의 도움 없이 아이 스스로 처음 접하는 글을 읽어보도록 기회를 주는 것도 좋은 방법이다.

그럼에도 아이가 책의 내용을 좀 더 확실하게 이해할 수 있도록 하고 싶다면 각 페이지에서 일어나는 굵직한 사건 정도만 언급해주기 바란다. 문장 하나하나를 설명해주기보다는 주요 내용을 요점 정리하듯 알려주면 된다. 이렇게 하면 아이도 문장 해석에 집착하기보다는 전체의 흐름을 파악하려고 집중할 것이다. 이는 아이가 자발적으로 읽기의 재미를 갖도록 하는 방법인 동시에 자연스럽게 글의 주제를 파악하고 문해력을 키울 수 있는 방법이다.

How 06

발음은 어떻게 가르쳐야 할까?

집에서 영어를 노출시키는 정도로는 올바른 발음을 익히는 데 부족할 것이라고 우려하는 분들이 많다. 특히 영어 전공자가 아닌 부모의 경우 영어책을 읽어줄 때 자신의 좋지 않은 발음이 아이에게 영향을 미칠까봐 더 걱정한다. 그런 분들에게 나는 발음에 대한 완벽주의를 버리라고 말한다. 우리나라 사람들은 '원어민 같은nativelike' 발음에 관심이 많다. 게다가 교과서나 영화에서 많이 접한 미국인의 발음을 선호한다. 그러나 정도의 차이만 있을 뿐 태어날 때부터 영어를 모국어로 써온 사람이 아닌 이상 우리나라식 악센트accent가 들어가는 것은 당연하다. 아무리 원어민처럼 발음하려고 해도 한글 특유의 어조가 들어갈 수밖에 없다는 말이다. 영어권 국가 출신이 아님에도 불구하고 영어를 잘하는 사람의 발음을 들어보면, 그 사람의 문화적 배경cultural background에 따른 악센트를 함께 느낄 수 있다. 이는 매우 자연스러운 현상이다.

'World Englishes'라는 말을 사용할 정도로 지금은 세계 여러 나라의 영어 발음을 모두 인정하는 추세다. 미국이나 영국, 호주 같은 서구 몇 개국의 악센트뿐만 아니라 영어를 사용하는 모든 국가의 악센트를 인정하여 하나의 English가 아닌 'Englishes'라는 복수 형태로 부르는 것이다. 영어를 모국어로 사용하는지 여부와 상관없이 점점 더 많은 사람이 의사소통 수단으로 영어를 사용하는 만큼 이제 원어민에 가까운 발음은 크게 중요한 문제가 아니다.

의사소통에 있어서 발음보다 중요한 것은 전하고자 하는 메시지를 얼마나 명확하게 전달하느냐에 있다. 따라서 집에서도 이 부분에 초점을 두고 지도하면 된다. 그러면 아이 역시 부모가 영어책을 읽어줄 때 발음이 좋은지 나쁜지보다는 책이 어떤 내용을 담고 있는지에 더 관심을 둘 것이다. 앞으로 다양한 문화적 배경을 가진 사람들과 영어로 소통할 기회가 많은 만큼 발음과 악센트에 유연한 태도를 가질 필요가 있다.

발음을 정확하게 익히는 세 가지 방법

아이가 발음을 정확하게 익힐 수 있는 방법 몇 가지를 지금부터 소개하려고 한다. 첫째, 다양한 영어 음원을 통해 듣기량을 충분히 채워준다.

특히 단어 음원을 많이 그리고 자주 듣는 것이 효과적이다. 빠르게 흘러가는 일반적인 영어 듣기와 달리 단어 음원은 단어와 단어가 사용된 예문을 천천히 읽어주기 때문이다. 천천히 나오는 음원을 따라 발음을 소리 내어 말해보고, 단어가 사용된 예문을 또박또박 따라 읽다 보면 단어의 정확한 발음을 익힐 수 있다.

둘째, 하루 한쪽씩 청독(귀로 들으면서 눈으로 읽기)을 꾸준히 실천한다. 영어의 유창성을 위해서는 다양한 음원을 흘려듣는 것이 도움이 되지만 정확성을 높이고 싶다면 집중 듣기가 더 효과적이다. 따라서 책을 보지 않고 그냥 흘려듣기보다는 책을 보면서 글자와 발음을 매칭하면서 읽는 청독을 권한다. 양적으로도 한꺼번에 많이 읽기보다는 한 번에 조금씩 집중해서 듣는 것이 더 효과적이다. 책 한 권을 통독하기보다는 조금을 듣더라도 정독하는 습관을 들여야 정확한 발음을 익힐 수 있다.

셋째, 영상을 볼 때 한글 자막이 아니라 영어 자막과 함께 본다. 영어로 영상을 볼 때 자막을 켜고 보는 것이 좋은지 끄고 보는 것이 좋은지에 대한 질문을 많이 받는다. 자막 없이 보는 것, 한글 자막과 함께 보는 것, 영어 자막과 함께 보는 것 각각의 장점이 있다.

우선 영상을 자막 없이 보는 것은 아무런 도움 없이 영어를 사용하는 환경에 던져져 'survival English'를 배우는 상황과 같다. 반드시 영어를 알아들어야만 하는 당위성이 생긴 것이나 마찬가지다. 영상에서 주어지는 몇 가지 단서와 배우들의 대화만으로 상황을 이해해야 하는 만큼 의미를 파악하기 위한 듣기 연습이 활발히 이루어진다. 그러나 단어의 발음을 알더라도 문장을 의미 단위로 끊어 듣는 연습이 덜 된 경우에는 알아듣기 어렵다. 이 방법은 나이가 어려서 영어와 한글의 구분 없이 내용을 받아들일 수 있거나 영어 수준이 높은 경우에 추천한다. 두 번째로 한글 자막과 함께 영상을 보는 것은 우리말 뜻과 영어 표현을 매칭할 수 있어 다양한 표현을 습득pick up하는 데 효과적이다. 마지막으로 영어 자막과 영상을 보는 것은 단어와 발음을 매칭할 수 있어 어휘의 발음을 익히는 데 효과가 좋다. 특히 단어의 강세stress와 문장의 억양intonation까지 습득할 수 있어 더욱 좋다. 이 중 어떤 방법이 좋을지는 아이의 수준을 고려하여 선택하면 된다.

14

쓰기는 어떻게 지도해야 할까?

영어의 네 가지 기능인 듣기, 말하기, 읽기, 쓰기 중에서 '쓰기'는 가장 나중에 접근하는 것이 좋다. 아이가 영어의 의미를 이해하지 못한 상태에서는 말하기와 쓰기 같은 아웃풋이 불가능하기 때문이다. 또한 표현하고자 하는 내용을 말이 아닌 글로 표현하기 위해서는 훨씬 더 많은 노력이 수반된다.

여기서 '쓰기'란 단순히 아이가 영어 철자를 쓸 줄 아는 것만을 의미하지 않는다. 아이가 자신이 전하고 싶은 메시지를 영어로 표현할 수 있는지까지 포함한다. 따라서 영어로 쓰기를 위해서는 철자를 올바르게 쓰는 능력, 글쓰기의 소재와 전개 방식을 찾는 능력, 적절한 표현을 활용하여 의미를 전달하는 능력, 문법적으로 올바른 문장을 사용하는 능력이 모두 필요하다.

첫째, 철자를 올바르게 쓰는 능력은 단어 목록을 직접 써보는 연습을 통해 점검해야 한다. 이 과정은 전 단계인 듣기, 말하기, 읽기를 충분히 한 뒤에 접근해야 수월하다. 인풋 양이 부족한 상태에서 쓰는 행위는 기계적으로 쓰는 연습이 될 확률이 높고, 아이의 흥미를 일으키기도 어렵기 때문이다. 쓰기 전에 충분한 양의 인풋이 이루어져야 한다는 것을 잊지 마라.

둘째, 글쓰기의 소재와 전개 방식을 찾는 능력은 국어 글쓰기에서도 꼭 필요한 능력이다. 글짓기를 어려워하는 아이들 대부분이 무엇을 써야 할지 모르겠다고 말한다. 어떤 주제에 대해 떠오르는 생각이 적거나 소재가 있어도 어떤 표현을 써야 자신의 생각을 담을 수 있는지 모르는 것이다. 많은 듣기 경험이 영어 말하기와 발음에 효과가 있듯이 많은 읽기 경험은 글쓰기의 우선 조건이다. 다양한 글을 읽어야 글을 도입하는 방식, 중심 생각을 전달하는 방식, 글을 마무리하는 방식을 익힐 수 있다. 다양한 읽기가 되어 있는 아이는 '가족'이라는 주제가 주어졌을 때 가장 기억에 남는 추억이라는 특정 경험을 소재로 글을 쓸지, 가족의 다양한 유형을 소개하는 글을 쓸지, 자신이 바라는 가족의 모습을 상상하여 쓸지 다양한 접근 방법을 고민한다. 다른 사람의 글에서 아이디어를 얻기도 하고, 어떤 내용으로 자신의 생각을 표현할지 고민하기도 한다.

셋째, 적절한 표현을 활용하여 의미를 전달하는 능력은 단어의 철자를 익히는 차원을 뛰어넘어 그 단어가 어떤 상황에서 쓰이는지까지 아는 것이다. 어휘 목록만 보며 단어를 외운 나머지 해당 어휘가 어떤 경우에 사용되는지를 몰라 시간과 노력을 무용지물로 만드는 안타까운 경우가 의외로 많다. 그러나 다양한 듣기와 읽기 활동을 통해 어휘를 익힌 아이는 다르다. 해당 표현이 사용되는 상황과 맥락context을 함께 익혔기 때문에 유사한 상황을 묘사할 때 적재적소에 활용할 수 있다. 따라서 무작정 목록을 암기하기보다는 해당 단어가 사용되는 용례를 중심으로 익혀두는 것이 효과적이다.

넷째, 문법적으로 올바른 문장을 사용하는 능력은 높은 수준의 글쓰기를 위해 필요하다. 그러나 말하기와 마찬가지로 학습 경험이 부족한 학습자는 정확성보다는 유창성에 초점을 맞추는 것이 좋으며, 의미 전달을 방해하는 오류가 아닌 이상 즉각적인 수정은 피하는 것이 좋다. 한글로 일기 쓰기와 마찬가지로 맞춤법이나 철자를 자주 지적하면 아이가 글쓰기를 즐기는 것을 방해할 수 있기 때문이다. 게다가 세계가 글로벌화 되면서 'World Englishes'를 인정하고 'standard English(표준 영어)'의 개념에 의문을 제기하는 입장에서는 '언어적 정확성'보다 '의미 전달'에 더 초점을 맞추어야 한다는 입장이다. 물론 격식 있는 글쓰기 상황에서는 얘기가 달라진다. 이때는 문법적으로 정확한 문장을 쓰는 능력이 중요하므로 높은 수준의 학습자는 자기 점검self-check을 통해 유창성과 정확성을 동시에 갖출 수 있도록 해야 한다.

AI 기술이 발전하면서 'Quillbot'과 같이 아이가 스스로 쓴 글을 점검해볼 수 있는 어플들이 많이 생겨나고 있다. 아이가 쓴 글에 부모가 직접 피드백을 하지 않아도 아이 스스로 자신이 쓴 글과 문장을 검색하여 문법성 여부를 판단하여 수정할 수 있다. 문법적으로 틀린 부분뿐만 아니라 같은 의미를 다른 표현으로 바꿔 써주는paraphrase 기능도 있어서 잘만 활용하면 다양한 표현들을 익힐 수 있다. 이 밖에도 AI 기술을 활용하여 컴퓨터와 쓰기를 연습해볼 수 있는 다양한 프로그램들이 있다. 챗GPT, AI 던전, 뤼튼, 헤밍웨이 에디터 등 다양한 프로그램 가운데 아이의 성향과 취향에 맞는 것을 선택하여 활용하는 것도 좋은 방법이다.

15

디지털 기기 vs. 종이책 어떤 것이 더 좋을까?

영어책을 읽을 때 디지털 기기를 활용해도 되냐는 질문을 많이 받는다. 그 전에 종이책을 통한 읽기와 디지털 기기를 활용한 읽기는 장단점과 기대 효과가 다르다는 것을 알아둘 필요가 있다. 그에 따라 아이의 선호도와 준비 상태, 읽기의 목적 등에 따라 적절한 매체를 선택하여 읽으면 된다.

먼저 종이책 읽기는 기존 세대에서 해왔던 읽기 방식으로, 부모가 도움을 주기 수월하고, 그래서 더 선호하는 경향이 있다. 종이책은 핵심 단어나 중심 내용을 표시하면서 읽을 수 있기 때문에 '학습을 위한 읽기'에 적합하다. 또 읽은 내용과 관련하여 떠오르는 아이디어를 주석으로 달기도 수월하여 정독intensive reading에 편리하다.

이와 달리 디지털 기기는 부모 세대에 익숙한 매체가 아닌지라 적절한 도움을 주기 어렵고, 아이들이 책읽기를 멈추고 다른 어플을 사용할 우려가 있다. 밑줄 치기나 주석 달기를 위해 새로운 기술을 익혀야 하는 번거로움도 있어 정독보다는 통독이나 다독extensive reading에 적합하다. 하지만 종이책보다 빠르게 페이지를 넘길 수 있어 '재미를 위한 읽기'에 좋다. 또 외출 시 따로 책을 챙길 필요 없이 가지고 있는 휴대폰을 이용하면 되어 편리한 데다 자투리 시간도 활용할 수 있다. 따라서 책을 읽는 목적이 독서에 재미를 붙이고 다독하는 것일 때는 디지털 기기를 이용하는 것이 효과적이다. 특히 영어 독서 경험이 적어서 흥미를 느끼기 어려운 상황에서는 접근성이 높은 디지털 기기를 활용하는 것이 편하다. 반면에 아이가 정독을 통해 책의 내용을 이해하고 생각하는 힘을 기르게 하고 싶다면 종이책 읽기를 활용하는 것이 좋다. 디지털 기기를 활용한 글 읽기보다 종이책을 활용한 글 읽기를 했을 때 정보를 더 오랫동안 기억할 수 있다는 연구 결과도 있다. 학습을 위한 읽기에는 종이책이 효과적이다.

아이의 독서 경험과 성향, 독서 목적 고려하여 선택해야

개인적으로 내 경우에는 전자책으로 읽든 종이책으로 읽든 책에 집중할 수 있는 시간은 비슷했다. 어떤 방식으로 책을 읽는지가 책의 내용을 기억하는 데 큰 영향을 미치지 않았다. 책에서 읽은 내용을 오랫동안 기억하기 위해 독서 후 리뷰를 쓰거나 인상적인 부분을 필사한 것이 도움이 되었다고 생각한다. '내 손 안에 작은 도서관'처럼 필요할 때마다 바로바로 이용하니 책을 사거나 도서관에 가는 일 없이 여러 권의 책을 다독할 수 있는 즐거움을 맛보았다.

하지만 아이에게는 디지털 기기를 활용한 독서보다는 종이책 읽기를 장려하는 편이다. 아이 역시 학교에서 실시한 독서 선호도 검사에서 종이책 읽기를 선호하는 것으로 나왔다. 전자책을 읽을 때 아이의 뇌가 게임을 할 때처럼 불안정한 상태가 된다는 연구도 있어 아이에게는 가급적 디지털 기기 이용 시간을 짧게 갖도록 하는 편이다.

이처럼 디지털 기기를 활용한 독서와 종이책 독서는 장단점이 확실하다. 그런 만큼 아이의 독서 경험과 성향, 독서 목적을 고려하여 선택해야 한다. 요즘은 디지털 기기를 활용한 다양한 학습 어플과 프로그램이 많이 나와 있어 아이들이 독서에 흥미를 가지고 접근할 수 있도록 도움을 줄 수 있다. 화면 속 시청각 자료와 책의 내용을 함께 보여주는 프로그램은 '영어로 보기'와 '영어로 읽기'를 동시에 할 수 있어 효과적이다. 책의 내용을 한 문장씩 화면에 보여주는 프로그램은 '영어로 듣기'와 '영어로 읽기'를 동시에 제공할 뿐만 아니라 눈으로 보면서 귀로 듣는 청독 활동을 위해 따로 오디오와 책을 준비할 필요가 없어 편리하다.

개정 교육과정이 적용되는 2025년부터 영어와 수학, 정보 교과에 디지털 교과서가 보급된다. 종이책 사용을 줄임으로써 비용 절감은 물론 환경보호에 기여하고 학생들의 디지털 기기 활용 능력 향상과 개인 맞춤형 교육을 활성화할 수 있을 것으로 보인다. 영어의 경우 학습을 위해 음원을 들려주거나 관련 시청각 자료를 보여주는 활동이 자주 이루어지는데, 디지털 교과서가 도입되면 학생들이 듣고 읽는 경험을 더욱 확장시킬 수 있을 것으로 기대된다.

5장

반드시 알아두어야 할 기초 영문법 25가지

01

영어를 평생 공부해야 하는 이유

아이 친구 엄마들과 대화하다 보면 영어를 공부하고 싶어 하는 분들이 많다. 엄마들은 왜 영어를 공부하고 싶은 걸까? 글로벌 사회에서 영어는 기본으로 갖춰야 하는 것이기 때문일 수도 있고, 해외 여행지에서 영어로 자유롭게 말하는 모습을 아이에게 보여주고 싶어서일 수도 있다. 아이가 영어에 관한 질문을 했을 때 완벽하지는 않아도 적절한 대답을 해주고 싶어서일 수도 있다. 이 중 어떤 것도 타당하지 않은 이유는 없다.

아마 지금 영어를 다시 공부하고 싶은 엄마들 대부분은 학창시절에 영어를 크게 좋아하지 않았거나 비영어권 국가인 우리나라에서 영어를 배워야 할 큰 필요를 느끼지 못했을 가능성이 높다. 그런데 아이를 낳고 보니 영어를 공부하고 싶은 마음이 머리를 든다. 아이를 키우면서 비로소 영어를 잘하고 싶다는 마음이 들고 다시 공부해야겠다는 생각이 든 것이다. 하지만 실행에 옮기는 것은 더 큰 용기가 따르는 일인 데다 어디서부터 어떻게 공부해야 할지 모르니 답답할 것이다. 나는 일단 이런 분들을 응원한다. 영어를 공부하고 싶다는 마음을 가진 것만으로도 기쁘다.

여러 번 언급했듯이 영어는 하나의 언어이기 때문에 어떤 목적으로 공부하느냐에 따라 방향이 달라진다. 엄마들이 영어를 공부하려는 목적을 정리하면 크게 두 가지로 나눠진다. 하나는 유창한 말하기이고, 다른 하나는 자녀의 영어 공부에 도움 주기다.

유창한 영어 말하기의 두 가지 조건

영어에 대한 대중의 관심이 높은 만큼 인터넷에는 영어 말하기를 쉽고 빠르게 배울 수 있게 해준다는 영상이 넘쳐난다. 보면 대부분 패턴을 외워서 적용하는 식이다. 몇 가지 구문을 익히고 지문을 외워 영어로 말하는 입이 트이면 참으로 좋겠지만 안타깝게도 이런 방법은 작심삼일이 되기 쉽다. 영어로 유창하게 말하기는 결코 단기간에 이룰 수 있는 목표가 아니기 때문이다. 그렇다고 장기간 학원을 다니면서 공부하기에는 일하랴, 집안일 하랴 바쁜 엄마들에게 역시나 효과적인 방법이 아니다.

영어 말하기를 잘하려면 우선 기본적인 영어 감각이 있어야 한다. 여기에 몇 가지 기술을 더해 전반적인 말하기 기술로 확대시켜야 한다.

유창한 말하기를 위한 첫 번째 조건은, 아이에게 '가늘고 길게' 가는 일상 속 영어 노출 습관을 적용했듯이 엄마도 아이와 함께 영어로 보기, 듣기, 읽기를 통해 기본적인 영어 인풋 양을 채우는 것이다. 여러 번 강조했듯이 충분한 인풋이 없으면 아웃풋은 절대로 나오지 않는다. 실제로 회사에서 승진을 위해 영어 말하기 시험 점수를 따야 했던 지인은 나의 조언대로 영어 듣기량을 채우기 위해 귀에서 이어폰을 빼지 않고 계속해서 들었다. 퇴근 후 집안일을 할 때는 물론 심지어 잘 때도 영어를 들었다. 덕분인지 두 달 만에 목표한 점수를 달성했다고 한다.

유창한 말하기를 위한 두 번째 조건은, 동기부여를 위해 영어 말하기 시험에 도전하는 것이다. 목표가 없으면 꾸준히 노력하기 힘들다. 우선 다양한 영어 말하기 시험 중에서 자신에게 맞는 것을 골라 가장 가까운 날짜의 시험을 신청한다. 좀 더 준비해서 나중에 응시하겠다는 생각으로는 영영 도전하기 어렵다. 첫 시험 결과에 충격을 받을 수도 있지만 그것이 현재 나의 실력이다. 실력을 정확히 아는 것은 매우 중요하다. 그래야 이후 필승 전략을 세워 해당 시험에서 요구하는 유형에 따른 말하기 기술을 익힐 수 있기 때문이다. 어떤 시험이든 사진 묘사하기, 질문에 적절한 답하기, 주제에 대한 의견 말하기 등 몇 가지 말하기 기술을 요구할 것이다. 이런 요구 사항을 집중적으로 연습하다 보면 전반적인 말하기 기술은 확대될 수밖에 없다. 단, 이때도 말하기의 좋은 모델링이 되는 영어 인풋양을 채우기 위해 영어를 보기, 듣기, 읽기 활동은 계속해야 한다.

자녀의 영어 공부에 도움을 주는 문법 알기

아이가 영어를 공부하다가 종종 엄마에게 질문할 때가 있다. 단어의 발음과 뜻을 물어보면 함께 사전을 검색해서 대답해주면 된다. 하지만 문장 해석이나 영작하는 법을 물어보는 순간 당황스러워진다. 정확한 문법 지식을 바탕으로 해석을 도와주고 올바른 영어 문장을 작문할 수 있도록 해주고 싶지만 학창시절에 배운 문법 지식이 아직까지 기억나지도 않을 뿐더러 확신하기도 어렵다.

앞서 설명한 대로 성인 이후의 학습자는 문법 지식을 명시적으로 정리하는 것이 영어 학습에 유리하다. 우리말과 다른 체계를 쓰는 영어의 문법 체계를 이해하면 두 언어의 비교를 통해 정확하고 올바르게 영어를 이해하고 표현할 수 있다. 영어 감각을 키우기 위해서는 기초 영문법 정리가 우선이다. 이를 위해 중학교 교육과정에서 자주 다루는 몇 가지 핵심 내용을 정리해보았다. 사실 이 파트는 내가 아이에게 전달해주고 싶은 문법의 키포인트를 정리해 놓은 부분이다. 아이가 영어책을 읽거나 영어 문제를 풀다가 문법을 물어보면 나는 장황한 문법 체계 전체를 설명하기보다는 학교에서 자주 출제되는 내용 또는 한국인이 헷갈리기 쉬운 내용 위주로 설명해주는 편이다. 자녀의 영어 공부에 도움을 주고 싶어 다시 영어 공부를 시작한 엄마, 아이의 공부를 도와주고 싶은데 문법 내용이 헷갈려 고민인 엄마들에게 꼭 필요한 핵심 문법만 담았으니 유용하게 활용하기 바란다.

02

꼭 알아두어야 할 중학교 핵심 문법 25가지

01 영어 단어는 몇 가지로 구분할 수 있나요?

□ 국어 단어는 9개의 품사로 나뉘지만 영어 단어는 8개의 품사로 구분할 수 있다.

□ 국어의 9품사는? 명사, 대명사, 수사, 동사, 형용사, 조사, 감탄사, 관형사, 부사

□ 영어의 8품사는? 명사, 대명사, 동사, 형용사, 부사, 접속사, 전치사, 감탄사

□ 영어의 8품사가 가진 각각의 특징을 이해하면 빈칸에 들어갈 적절한 어휘를 고르는 문제를 풀거나 영어로 글 쓰는 과제에서 영작할 때 도움이 된다.

영어의 8품사

품사	영문 표기	줄인 표기	일상 속 영어 습관 꿀팁
명사	noun	n.	• 사물이나 사람의 이름을 나타내는 말 ex car, love, family……. • 문장 내에서 주어, 목적어, 보어 자리에 쓰인다. ex Tom loves his family. She is a great teacher. (Tom: 주어 / his family: 목적어 / a great teacher: 보어)
대명사	pronoun	pron.	• 명사를 대신하는 말 • 앞에서 언급한 명사를 가리킬 때 쓰인다. • 문장 내에서 주어, 목적어, 보어 자리에 쓰인다. 대명사는 격을 가지며(주격, 소유격, 목적격, 소유대명사, 재귀대명사), 대명사가 나오는 위치에 따라 격을 바꿔 써야 한다. - 1인칭: I, my, me, mine, myself(단수) we, our, us, ours, ourselves(복수) - 2인칭: you, your, you, yours, yourself(ves) (단수와 복수가 동일) - 3인칭: he(she), his(her), him(her), his(hers), himself(herself) they, their, them, theirs, themselves
동사	verb	v.	• 동작이나 상태를 나타내는 말 • 시제에 따라 형태가 규칙 변화(-ed) 혹은 불규칙 변화한다. • 문장 내에서 동사 자리에만 쓰인다. • 우리말 '~하다'로 해석된다. • 동사의 구분: (1) be동사, 조동사(can, will….), 일반동사(learn, play…) (2) 1, 2, 3, 4, 5형식 동사(완전/불완전, 타동사/자동사) 보어가 필요하면 불완전동사, 보어가 필요 없으면 완전동사 목적어가 필요하면 타동사, 목적어가 필요 없으면 자동사
형용사	adjective	a.	• 명사의 성격이나 상태를 설명하는 말 • 문장 내에서 보어 자리에 쓰이거나 명사 바로 앞에서 명사를 꾸민다. ex She is amazing. Look at the pretty baby. • 우리말로 해석하면 '~한'과 같이 'ㄴ' 받침으로 끝난다. ex pretty, gorgeous…

품사	영문 표기	줄인 표기	일상 속 영어 습관 꿀팁
부사	adverb	ad.	• 형용사, 동사, 또 다른 부사, 혹은 문장 전체를 꾸미는 말 • 우리말로 해석하면 '~하게'로 해석된다. • 형용사에 'ly'를 붙여 만드는 경우가 많다. ex happily, beautifully, very…
접속사	conjunction	conj.	• 단어와 단어, 구와 구, 절과 절을 연결하는 말(=관계사, 연결사) ex and, but, that, if, when, because…
전치사	preposition	prep.	• 명사 앞에 오는 말 • 위치, 시간 등 명사와의 관계를 나타낸다. • '전치사+명사'의 어순에 주의할 것(전치사 뒤엔 항상 명사 또는 명사 상당어구가 쓰임) ex in, on, at…
감탄사	interjection	int.	• 감탄의 감정을 나타내는 말로, 주로 문장 맨 앞에 온다. ex Wow, Oh…

02 문장을 구성하는 4가지 성분은 무엇인가요?

□ 영어에서 문장을 구성하는 4가지 성분은 주어, 동사, 목적어, 보어다.(S,V,O,C)

□ 주어(Subject/S)는 동작의 주체를 나타내는 말로, 항상 동사 앞에 온다.

□ 주어 자리에는 8품사 가운데 명사와 대명사, 그리고 명사 상당 어구(명사 역할을 하는 말, 동명사, to 부정사구, 명사구 등)만 올 수 있다.

ex Getting up early in the morning is good for your health.(동명사)
S

□ 동사(Verb./V)는 어떤 상황이나 상태, 동작을 나타내는 말로, 문장 성분이자 영어의 8품사 가운데 하나다.

□ 주어(S)와 동사(V)는 모든 문장에 공통으로 들어가는 필수 요소다.

□ 목적어(Object/O)는 동작의 대상이 되는 말로, 목적어 자리에도 명사와 대명사, 명사 상당 어구만 올 수 있다.

ex I like to read books.(부정사)
O

□ 보어(Complement/C)는 주어나 목적어를 설명(보충)하는 말이다.

□ 보어에는 주어를 꾸며주는 주격보어(S.C)와 목적어를 꾸며주는 목적격보어(O.C) 두 가지가 있다.

- 주격보어는 주어와 동일 인물이거나 주어와 연관이 있다.
- 목적격보어는 목적어와 동일 인물이거나 목적어와 연관이 있다.

□ 보어 자리에는 명사나 형용사가 올 수 있다.

ex She became a math teacher.(주격보어, 명사구) She≒a math teacher

ex I think him honest.(목적격보어, 형용사) him≒honest

□ 문장 중에는 '주어+동사' 뒤에 보어만 오는 경우, 목적어만 오는 경우, 목적어와 보어 둘 다 오는 경우, 목적어와 보어 중 어느 것도 오지 않는 경우가 있다. 즉 동사 뒤에 어떤 성분이 오느냐에 따라 문장의 형식을 1형식부터 5형식까지 나눌 수 있다.

03 문장의 5가지 형식은 무엇인가요?

□ 문장은 1형식부터 5형식까지 5가지로 나눌 수 있으며, 모든 문장은 '주어+동사'가 기본 구조다.

□ 문장의 형식을 파악하면 문장 구조가 보여서 해석이 빨라진다.
(문장 성분 분석 → 문장 형식 파악 → 정확하고 빠른 해석)

□ 문장 성분을 분석할 때는 가장 먼저 동사를 찾아야 한다. 동사 앞은 주어, 동사 뒤는 보어나 목적어다.

□ 1형식: 주어+동사

ex The sun rose. → 가장 간단한 구조

□ 2형식: 주어+동사+주격보어

ex I am a student.(보어가 명사)

I am smart.(보어가 형용사)

□ 3형식: 주어+동사+목적어

ex I like apples. I like reading books.

□ 2형식과 3형식의 구분이 어려운 경우

- 동사 뒤에 오는 말이 주어와 같은 대상이거나 서로 관계가 있으면(S≒S.C) 주격 보어→2형식
- 동사 뒤에 오는 말이 주어와 관계없는 별개의 대상을 나타내면(S≠O) 목적어→3형식

ex I am a student.에서 I=a student. → 2형식 문장

그러나 I like apples.에서 I≠apples → 3형식 문장

□ 4형식: 주어+동사+간접목적어+직접목적어

ex I gave him some money.

□ 5형식: 주어+동사+목적어+목적격보어

ex I called him Jimmy.(보어가 명사)

I found her honest.(보어가 형용사)

□ 4형식과 5형식의 구분이 어려운 경우

- 동사 뒤에 오는 두 단어가 서로 관계없으면 간접목적어와 직접목적어 관계 → 4형식

ex I gave him some money.(4형식 문장)에서 him≠some money

그러나 I called him Jimmy.(5형식 문장)에서 him=Jimmy

- 동사 뒤에 오는 두 단어가 서로 같거나 관계가 있으면 목적어와 목적격 보어 관계 → 5형식

04 가주어와 진주어(가목적어, 진목적어)가 무엇인가요?

□ 가주어란 가짜 주어라는 뜻으로, 주어 자리에 온 명사 상당어구(명사구, to 부정사, 동명사구, that절 등)가 너무 길 때 사용한다.

ex To eat too much chocolate is bad for your health.

S

□ 주어 자리에는 가주어인 it만 적고 길이가 긴 진주어는 문장의 맨 뒤로 보낸다. 이때 진주어가 끝나는 부분을 확인하여 진주어 전체를 뒤로 보내는 것에 유의해야 한다.

ex It is bad for your health to eat too much chocolate.

진주어

□ 해석할 때 가주어 it은 '그것'으로 해석하지 않고 문장 맨 뒤에 있는 진주어부터 해석하면 된다.

□ 진주어 자리에는 명사 상당어구만 올 수 있으므로 진주어는 항상 '~하는 것'이라고 명사로 해석한다.

ex 너무 많은 초콜릿을 먹는 것은 너의 건강에 좋지 않다.

□ 가목적어란 가짜 목적어란 뜻으로, 목적어 자리에 온 명사 상당어구를 가목적어 it으로 대체하고 진목적어를 문장의 맨 뒤로 보낸다. 가목적어 it도 가주어 it과 마찬가지로 따로 해석하지 않는다.

ex I think it impossible to finish my science project by myself.

진목적어

(나는 과학 프로젝트를 혼자서 끝내는 것은 불가능하다고 생각한다.)

05 〈준동사 1탄〉 to 부정사의 3가지 용법은 무엇인가요?

□ to 부정사란? 'to + 동사원형'의 형태로 만든 것이다.

□ 동명사나 분사와 달리 용법이 하나로 정해진 것이 아니라서 '부정사'라고 부른다.

□ to 부정사는 문장에서 어떤 역할(용법)을 하느냐에 따라 명사, 형용사, 부사 세 가지로 나뉜다.

□ 부정사의 세 가지 용법(명사, 형용사, 부사)을 정확히 구분해야 정확한 해석이 가능하다.

□ to 부정사의 명사적 용법

- **위치**: to 부정사가 주어, 목적어, 보어 자리에 오는 경우
- **해석**: 명사로 사용되었으므로 to 부정사를 '~하는 것'으로 해석한다.
- **특징**: to 부정사의 명사적 용법은 동명사와 역할이 똑같으므로 동명사로 바꿔 쓸 수 있다.

ex To get up early in the morning is a good habit.
S (아침에 일찍 일어나는 것은 좋은 습관이다.)

= Getting up early in the morning is a good habit.

□ to 부정사의 형용사적 용법

- **위치**: to 부정사가 명사 바로 뒤에 오는 경우
- **해석**: 형용사로 사용되었으므로 '~하는' 또는 '~할'로 해석한다.
- **특징**: to 부정사가 바로 앞의 명사를 꾸미는 역할을 한다.

ex I have a lot of work to do. (나는 오늘 할 일이 많다.)

□ to 부정사의 부사적 용법

- **위치**: to 부정사가 문장 맨 앞 또는 맨 뒤에 온다.
- **해석**: ~하기 위해(목적), ~하기에(형용사 수식), ~해서(이유), ~한 결과(결과) 등 해석이 다양하다.
- **특징**: 부사이므로 형용사, 부사, 문장 전체를 꾸미는 역할을 한다.

ex I went to the kitchen to get some food. (나는 음식을 먹기 위해 부엌으로 갔다.)

06 〈준동사 2탄〉 동명사는 무엇인가요?

- ☐ 동명사란? 동사에 ~ing를 붙여 명사로 바꾼 것이다.
- ☐ 만드는 방법: '동사원형+~ing' 형태로 만든다.
- ☐ 동명사는 현재분사와 형태는 같지만 용법이 전혀 다르므로 둘을 구분할 줄 알아야 한다.
- ☐ 동명사는 동사에 ~ing를 붙여 명사로 만든 것이므로, 문장에서 명사의 기능을 한다. 따라서 문장에서 주어, 목적어, 보어 자리에 온다.
- ☐ 동명사는 to 부정사의 명사적 용법과 기능이 같으므로 동명사 대신 'to+동사원형'(to 부정사)를 써도 된다.

ex I enjoy reading books in my free time.(나는 여가 시간에 책 읽는 것을 즐긴다.)

동명사

07 〈준동사 3탄〉 분사는 무엇인가요?

- ☐ 분사란? 분사는 동사에 ed나 ing를 붙여 만들며, 문장에서 형용사처럼 쓰인다.
- ☐ 분사에는 현재분사와 과거분사가 있다. 문장에서 형용사와 같은 기능을 하므로, 명사를 꾸며주거나 보어 자리에서 주어나 목적어를 보충 설명한다.
- ☐ 분사가 단독으로 올 때는 명사 앞에서 수식하지만 목적어나 수식어구를 동반한 분사구로 올 때는 명사 뒤에서 수식한다.

ex The sleeping baby is Jane. The baby sleeping in the room is Jane.

□ 현재분사는 '동사원형+~ing' 형태로 만들며, 동명사와 모습이 같으므로 구분할 줄 알아야 한다.

현재분사는 능동(~시키는), 진행(~하고 있는)의 두 가지 의미를 가진다.

ex The movie was amazing.(놀라게 하는/능동의 의미)

Look at the boys playing in the ground.(놀고 있는/진행의 의미)

□ 과거분사는 '동사원형+~ed'(규칙 변화) 또는 불규칙 변화표(p.p)를 암기하여 쓸 수 있다.

과거분사는 수동(~당하는), 완료(~된)의 의미를 갖는다.

ex The roof of the building was covered with snow.(덮여진/수동의 의미)

I like the fallen leaves on the ground.(떨어진/완료의 의미)

08 준동사의 의미상 주어는 무엇인가요?

□ 준동사(to 부정사, 동명사, 분사)는 동사를 변형하여 만든 것으로, 아래와 같이 동사의 성질을 그대로 갖는다.

① 동작을 누가 했는지 동작의 주체를 나타내고,

② 동작이 언제 일어났는지 동작의 시제를 표현하고,

③ 필요한 경우 뒤에 목적어나 보어, 수식어구를 가질 수 있다.

□ 문장의 주어와 구분하기 위해 준동사의 주어는 '의미상 주어'라고 부른다.

□ 동명사와 분사의 의미상 주어는 '소유격'으로 동명사나 분사 바로 앞에 붙인다.

□ to 부정사의 의미상 주어는 'for+목적격'으로 to 부정사 바로 앞에 붙인다.

ex It was difficult 'for me' to lift the box. (내가 그 박스를 들어올리는 것은 어려웠다.)

□ be동사 뒤에 오는 형용사가 사람의 성격이나 특성 등을 나타내는 경우에는 'of+목적격'으로 쓴다.

ex It was kind 'of you' to help me.(네가 나를 도운 것은 친절했다.)

□ 5형식 문장에서 목적어는 목적격보어의 의미상 주어 역할을 한다.

ex I asked him to wash the dishes.

목적어 (him) 목적격보어 (to wash the dishes)

09 영어에는 몇 가지 시제가 있나요?

□ 영어에는 12가지 시제가 있다.

□ **단순시제**(과거, 현재, 미래), **진행시제**(과거진행, 현재진행, 미래진행), **완료시제**(과거완료, 현재완료, 미래완료), **완료진행시제**(과거완료진행, 현재완료진행, 미래완료진행)다. (＊3×4=12개)

	단순시제	진행시제	완료시제	완료진행시제
과거	과거 (규칙변화: 동사+ed/ 불규칙변화: 암기)	과거진행 (was/were +Ving)	과거완료 (had+p.p)	과거완료진행 (had been Ving)
현재	현재 (동사원형)	현재진행 (am/are/is +Ving)	현재완료 (have/has+p.p)	현재완료진행 (have/has been Ving)
미래	미래 (will/shall+ 동사원형)	미래진행 (will+be+Ving)	미래완료 (will+have+p.p)	미래완료진행 (will have been Ving)

① 단순시제

- 단순시제는 과거, 현재, 미래의 특정 시점에 대해서만 표현한다.
- 과거시제는 동사의 과거형을 쓰는데, 규칙변화의 경우에는 동사원형에 ed를 붙이고, 불규칙변화의 경우에는 동사 삼단 변화표의 과거 부분을 암기하여 사용하면 된다.
- 현재시제는 동사의 원래 형태인 원형을 쓰고, 주어가 3인칭 단수인 경우에는 동사에 s를 붙인다.
- 미래시제는 미래를 나타내는 조동사 will이나 shall 등을 쓰고 그 뒤에 동사원형의 형태를 붙인다.

② 진행시제

- 진행시제는 과거, 현재, 미래 시점에 진행되고 있는 일을 표현하며, 공통적으로 be동사+Ving 형태로 쓴다.
- 과거진행시제는 be동사를 과거(was/were)로 쓰고, 과거에 진행 중이었던 일에 대해 '~하고 있었다'의 의미를 가진다.
- 현재진행시제는 be동사를 현재(am/are/is)로 쓰고, 현재에 진행되고 있는 일에 대해 '~하는 중이다'의 의미를 가진다.
- 미래진행시제는 be동사를 미래(will be)로 쓰고, 미래에 진행된 일에 대해 '~하고 있을 것이다'의 의미를 가진다.

③ 완료시제

- 완료시제는 과거, 현재, 미래를 기준으로 그 이전 시점에 일어난 일이 해당 시점에 영향을 미칠 때 사용한다.
- 과거완료시제는 'had +p.p'로 쓰고, 과거 이전(대과거부터 과거에 걸쳐 일어난 일)을 표현한다.
- 현재완료시제는 'have/has+p.p'로 쓰고, 현재 이전(과거부터 현재에 걸쳐 일어난

일)을 표현한다.

- 미래완료시제는 'will have+p.p'로 쓰고, 미래 이전(현재부터 미래에 걸쳐 일어난 일)을 표현한다.

④ 완료진행시제

- 완료진행시제는 완료시제와 진행시제를 결합한 형태로, 과거, 현재, 미래 시점을 기준으로 그 이전부터 일어난 일이 해당 시점에 영향을 미치고 여전히 진행되고 있을 때 사용한다.
- 12가지 시제 중 단순시제 3가지와 진행시제 3가지가 가장 많이 쓰이고, 현재완료, 과거완료, 현재완료진행 시제를 중학교 3학년에 집중적으로 다룬다.

10 현재완료/현재완료진행/과거완료 시제의 특징은?

□ 현재완료 시제는 과거부터 현재까지에 걸쳐 일어난 일에 대해 묘사할 때, 즉 과거에 시작된 일이 현재에 영향을 미칠 때 사용하는 시제다.

□ 현재완료 만드는 공식: have/has+p.p

□ 해석에 따라 다음의 4가지로 용법을 구분할 수 있다.

① 경험

- 과거~현재 사이의 경험이 있는지, 몇 번 있었는지 등을 나타낼 때 쓰인다.
- '~한 적이 있다'라고 해석하며, 주로 횟수를 나타내는 표현인 once, twice, three times 등 혹은 ever, never라는 말과 함께 나온다.

  ex I have been to America twice.

② 완료

• 과거에 시작한 일이 현재에 완료되었을 때 쓰이며, 주로 just, already, yet 등과 함께 나온다.

ex I have just finished my homework.

③ 계속

• 과거에 시작한 일이 현재까지 계속될 때 쓰인다.(현재완료진행과 유사한 의미를 가짐)

• 주로 'for+숫자', 'since+과거 특정 시점', 'How long~' 등 기간을 나타내는 말과 함께 나온다.

ex I have studied English for 7 years.

④ 결과

• 과거의 특정 사건이 현재 상황에 영향을 미칠 때 쓰인다.

ex I have lost my scarf in the airport.

(과거에 스카프를 잃어버려 현재에도 없음을 드러냄.)

cf I lost my scarf in the airport.

(단순 과거시제인 문장에서는 스카프를 잃어버린 사실만 확인.)

□ 현재완료진행 시제는 현재완료(과거의 일이 현재까지 영향을 미칠 때)와 현재진행(현재에 진행되는 일)을 결합한 것으로 'have+p.p'에 'be+Ving'을 결합한 'have been+Ving'로 나타낸다.

ex I have been writing my essays for 5 hours.

□ 현재완료진행 시제는 현재완료의 '계속'의 용법과 유사하나 진행의 의미가 더 강조된다.

□ 과거완료 시제는 대과거(과거보다 이전)부터 과거까지 걸쳐 일어난 일에 대해 묘사할 때, 즉 대과거에 일어난 일이 과거에 영향을 줄 때 사용한다. 'had+p.p'로 나타내며, 현재완료와 마찬가지로 해석에 따라 4가지 용법으로 구분할 수 있다.

11 관계대명사가 무엇인가요?

□ 관계대명사란 두 문장을 연결시키는 접속사(and, but, or 등)와 대명사(I, you, he, she, we 등)를 결합하여 하나의 단어로 바꾼 것이다.

□ 관계대명사 한 단어로 두 문장을 연결함과 동시에 뒷문장에 있는 대명사를 대신한다. 두 문장을 하나로 연결했으므로 짧게 쓸 수 있다.

□ 관계대명사에는 3가지 격이 있다. 두 문장을 연결할 때는 먼저 앞문장에 있는 선행사가 사람인지 사물(동물)인지를 보고, 뒷문장에서 대명사가 어떤 역할을 하는지 격을 따져 아래 표에서 골라 쓰면 된다.

격 / 선행사	주격	목적격	소유격
사람	who	who(m)	whose
사물, 동물	which	which	whose(of which the)

□ 관계대명사를 활용하여 두 문장을 하나로 연결하는 방법은 다음과 같다.

I have a book. + It is about wild animals.

① 두 문장에서 공통되는 명사 찾아 밑줄 치기

이때 앞문장의 명사는 선행사(관계대명사 바로 앞에서 관계대명사의 수식을 받는 단어)가 되고, 뒷문장의 대명사는 관계대명사로 대체된다.

② 선행사와 격을 따져 관계대명사 고르기

두 문장에서 공통으로 가리키는 대상인 a book은 선행사가 되고, 선행사 바로 뒤는 관계대명사절이 연결된다. 선행사인 a book은 사물이고, 뒷문장에서 주어 역할을 하므로 주격인 which를 쓴다.

③ 앞문장과 뒷문장 관계대명사로 연결하여 쓰기

'I have a book which is about wild animals.'처럼 두 문장을 연결해서 쓴다. 적절하게 연결했는지 확인하기 위해 해석을 해보고, 처음 2개 문장의 의미를 모두 담고 있다면 제대로 쓴 것이다.

ex '나는 야생동물에 관한 책을 가지고 있다.'

12 관계대명사절에서 주의해야 할 내용은 무엇인가요?

□ 관계대명사를 활용하여 두 문장은 연결할 때는 반드시 선행사 바로 뒤에 관계대명사가 연결됨에 주의해야 한다. '선행사 + 관계대명사'는 뗄 수 없는 사이임을 기억하고, 관계대명사 뒤에는 관계대명사가 대신한 단어를 제외한 나머지 문장을 '관계대명사절'로 연결하면 된다.

□ 관계대명사절을 쓸 때는 관계대명사가 대신한 명사는 제외하고 쓰는 것에 주의한다. 예를 들어 'I have a dog which my mom loves him.'과 같이 뒷문장에서 관계대명사 which로 대신한 목적격 대명사 him은 다시 쓰지 않는다.

- ☐ 관계대명사 중에 선행사가 사람이든 사물(동물)이든 쓸 수 있는 관계대명사 that이 있다.

- ☐ 관계대명사 중에 사물 선행사와 관계대명사 기능을 한 번에 하는 관계대명사 what이 있다. what은 'the thing which/that'을 하나의 단어로 바꾼 것으로, '~하는 것'으로 해석한다.

- ☐ 관계대명사절은 앞에 오는 선행사를 수식하는 역할을 하며, '~하는'으로 해석한다. 예를 들어 'I have a dog which my mom loves.'에서 '나는 우리 엄마가 사랑하는 강아지를 가지고 있다.'로 해석한다.

- ☐ 관계대명사에는 한정적(제한적) 용법과 계속적 용법이 있다.

- ☐ 관계대명사절이 앞에 오는 명사인 선행사를 꾸며주는 역할을 할 때 '한정적(제한적)' 용법이라고 한다.

- ☐ 선행사와 관계대명사 사이에 comma(,)가 찍혀 있을 때는 앞문장부터 차례대로 해석하며 '계속적' 용법이라고 한다.

- ☐ 관계대명사가 생략될 수 있는 2가지 경우를 기억해야 한다. 첫째, 목적격 관계대명사는 생략할 수 있다. 예를 들어 'I have a dog my mom loves.'로 쓸 수 있다. 둘째, 주격 관계대명사는 뒤에 be동사가 따라오는 경우에만 '주격 관계대명사+be동사'를 묶어서 생략할 수 있다. 예를 들어 Look at the picture (which is) hanging on the wall이라는 문장에서 which is(주격 관계대명사+be동사)를 생략하여 쓸 수 있다.

13 관계부사가 무엇인가요?

□ 관계부사는 접속사+부사의 기능을 한 번에 하는 말로, 선행사와 격을 따져 쓰는 관계대명사와 달리 선행사가 무엇이냐에 따라 4가지로만 구분된다.

□ 관계부사 when, where, why는 앞에 나오는 선행사 또는 관계부사 둘 중 하나를 생략할 수 있다.

□ 관계부사 how의 경우 앞에 나오는 선행사 the way나 how 둘 중 하나는 반드시 생략한다. 즉 'the way how~'라고 쓸 수 없다.

14 수동태가 무엇인가요?

□ 수동태란 주어가 어떤 동작을 직접 하는 '능동'과 주어가 어떤 동작을 당하는 '수동'의 의미를 나타낼 때 쓴다.

□ 수동태는 'be동사+p.p+by 행위자'로 나타내며, 여기서 'by 행위자'는 생략할 수 있다. 또한 by 이외의 다른 전치사를 활용하여 수동태구를 만들기도 한다.(ex: be covered with, be surprised at)

□ 수동태를 사용하기 위해서는 동사 불규칙 변화표의 'p.p(과거분사)'를 익혀둘 필요가 있다.

□ 목적어를 가지는 3형식 이상의 구조에서 목적어와 주어의 위치를 바꿔 수동태 문장으로 전환할 수 있다. 예를 들어 'I love him.'이라는 문장에서 주어인 I와 목적어인 him의 위치를 바꾸고, love라는 동사를 'be+p.p+by'라

는 공식을 활용하면 'He is loved by me.'가 된다. 여기서 대명사는 주어와 목적어의 자리가 바뀌면 격도 주격에서 목적격으로, 목적격에서 주격으로 바뀐다는 점에 주의해야 한다.

15 간접의문문이 무엇인가요?

□ 간접의문문은 간접화법의 일종으로, 따옴표 안에 있는 말을 문장에 포함하여 나타내는 것이다.

□ 간접의문문을 만들 때는 일반적인 의문문의 어순과 달리 '의문사+주어+동사'의 어순이 된다. 예를 들어 "Why did he leave the town?"이라는 문장을 간접의문문으로 바꿀 때는 'I wonder why he left the town.'으로 평서문처럼 의문사 뒤에 주어와 동사 순으로 쓴다. 이때 의문문을 만들기 위해 썼던 do(did) 동사는 사라지고 과거 시제를 살려 left로 바꾸는 것에 주의해야 한다.

16 명사절, 부사절, 형용사절은 어떻게 구분하나요?

□ 절이란 주어와 동사가 포함된 문장 형태를 말하며, 문장에서의 기능에 따라 명사절, 부사절, 형용사절로 구분할 수 있다.

□ 명사절은 문장에서 절이 명사 기능을 하는 것이며, 문장의 주어, 목적어, 보어 자리에 나올 수 있다. 예를 들어 'I think that he is honest.'라는 문장에서 'that he is honest'는 목적어 자리에 나온 절이므로 명사절이다. 명사절은 문장의 한 성분이므로 함부로 위치를 바꿀 수 없으며, 목적어 자리에 나오는 명사절(목적어절)을 이끄는 접속사 that의 경우에만 생략하여 쓸 수 있다.

□ 형용사절은 문장에서 절이 형용사 기능을 하는 것이며, 앞에 나오는 명사를 꾸미는 경우를 말한다. 선행사를 꾸미는 관계대명사절과 관계부사절이 여기에 해당된다. 형용사절은 반드시 수식을 받는 명사 바로 뒤에 붙어서 나온다.

□ 부사절은 문장에서 절이 문장 전체를 수식하는 기능을 하는 것이다. 부사절의 경우 주절(main clause)을 중심으로 앞에 오거나 뒤에 올 수 있는데, 부사절이 먼저 오는 경우에는 주절과의 구분을 위해 comma(,)를 찍는 것에 유의해야 한다.

17 because와 because of는 어떻게 다른가요?

□ because는 접속사로 뒤에 주어+동사 문장이 오지만 because of는 전치사로 뒤에 명사가 온다.

□ 접속사는 뒤에 문장이 오고, 전치사는 뒤에 명사가 온다는 점에 주의해야 한다.

ex I didn't go to the party because it rained.(접속사로 쓰인 경우)

I didn't go to the party because of the rain.(전치사로 쓰인 경우)

18 부사절 접속사에는 무엇이 있나요?

□ 부사절을 이끄는 접속사로는 때(시간)를 나타내는 접속사인 when, while, as 등과 조건을 나타내는 접속사인 if, unless 등이 있다.

□ 때나 조건을 나타내는 부사절에서는 현재시제가 미래를 대신한다. 즉 미래를 의미함에도 불구하고 현재시제로 표현한다.

ex I will have him read the letter if he comes tomorrow.

(내일 그가 온다면 그가 편지를 읽도록 할게.)

19 사역동사/준사역동사란 무엇인가요?

□ 사역동사란 '사역(남에게 시킴)'의 의미를 갖는 동사 make, have, let 3가지를 말한다. 사역의 의미를 갖는 동사는 get, direct, order 등 다양하지만 사역동사는 make, have, let 3가지만 가리킨다.

□ 5형식 구조 'S+V+O+O.C'에서 목적격보어 자리에 올 수 있는 말은 형용사, 명사, to 부정사이다. 즉 목적격보어 자리에 동사를 쓰고 싶다면 to 부정사를 쓰는 것이 원칙이나 사역동사(make, have, let)가 온 경우에는 목적격보어 자 리에 '동사원형'을 써야 한다.

□ 수동과 능동

- 'I have him wash the car.'와 같이 목적어와 목적격보어의 관계가 능동인 경우(목적어가 목적격보어에 나온 동작을 직접 하는 경우)에는 목적격보어 자리에 동사 원형을 쓴다.

- 'I have the car washed by him.'와 같이 목적어와 목적격보어의 관계가 수동인 경우(목적어가 목적격보어에 나온 동작을 당하는 경우)에는 목적격보어 자리에 과거분사(p.p) 형태를 쓴다.

☐ 준사역동사란 사역의 의미는 갖되 사역동사(make, have, let)에는 포함되지 않는 동사를 말한다.

☐ 준사역동사 help: S+V+O+O.C 구조에서 목적격보어 자리에 (to)부정사를 쓴다. 즉 to 부정사를 쓰거나 동사원형을 쓰거나 둘 다 가능하다.

ex I helped him (to) finish his homework.

☐ 준사역동사 get: S+V+O+O.C 구조에서 목적격보어 자리에 to 부정사를 쓴다.(단, 목적어와 목적격보어의 관계가 능동인 경우)

20 지각동사란 무엇인가요?

☐ 지각동사는 watch/see/look at(보다), hear/listen to(듣다), feel(느끼다), smell(냄새 맡다)처럼 보고 듣고 냄새 맡고 느끼는 감각과 관련된 동사를 말한다.

☐ 지각동사가 사용된 5형식 문장의 경우 'S+V+O+O.C'에서 목적격보어 자리에 동사원형 또는 현재분사(Ving)를 쓴다.

ex I saw him cross(ing) the street.

21 가정법이란 무엇인가요?

□ 가정법이란 if를 사용한 단순 조건절과 달리 사실과 반대 상황을 가정하여 말할 때 사용한다.

□ 가정법에는 가정법 과거와 가정법 과거완료가 있다.

□ 가정법 과거는 현재와 반대되는 사실을 가정할 때 쓰며, if절 안에 과거시제가 들어가는 것이 특징이다.

□ 가정법 과거 공식: If 주어+동사의 과거형(were), 주어+조동사의 과거형+동사원형
if절 안에 be동사를 쓸 때는 were를 쓰는 게 원칙이나 현대 영어에서는 was를 허용하기도 한다. 주절에 있는 조동사의 과거형은 would, should, could, might 중에 의미상 적절한 것을 쓰면 된다.

□ 가정법 과거 문장은 현재 상황의 반대를 가정한 것이므로 '~하다면 ~할 텐데' 또는 '~일 텐데'로 해석한다.
ex If I had enough money, I could buy the laptop.(내가 충분한 돈이 있다면 노트북을 살 텐데.)

□ 가정법 과거완료는 과거 사실의 반대를 가정할 때 쓰며, if절 안에 과거완료 시제가 들어가는 것이 특징이다.

□ 가정법 과거완료 공식: If 주어+동사의 had p.p, 주어+조동사의 과거형 +have p.p

ex If you had studied English, you would have succeeded in your exam.

(네가 영어를 열심히 공부했다면 너는 시험을 잘 봤을 텐데.)

22 분사구문이란 무엇인가요?

□ 분사구문이란 현재분사(Ving)나 과거분사(p.p)를 활용하여 종속절을 짧게 줄인 형태를 말한다.

□ 접속사가 포함된 절을 종속절이라 하고, 접속사 없이 쓰인 절을 주절이라고 한다. 분사구문은 종속절을 짧게 줄인다.

□ 분사구문 만드는 방법

① 종속절에서 접속사를 지운다.(접속사 없이 의미 전달이 모호한 경우에는 접속사를 남겨도 된다.)

② 종속절의 주어와 주절의 주어가 같은 경우 종속절의 주어는 생략한다.

③ 종속절의 동사의 시제와 주절의 동사의 시제가 같은 경우 종속절의 동사에 ing를 붙인다.

(종속절의 동사 시제가 주절의 동사 시제보다 한 시제 앞선 경우 종속절의 동사는 'having p.p' 형태로 쓴다.)

ex As I entered the room, the baby was crying loudly.

→ Entering the room, the baby was crying loudly.

23 수의 일치_3인칭 단수현재에 s 붙이기와 관계대명사절에서 수의 일치

□ 수의 일치란 주어의 수와 동사의 수를 일치시키는 것을 말한다.

□ 주어가 단수면 동사도 단수로, 주어가 복수면 동사도 복수 형태로 쓴다.

□ 주어가 3인칭이면서 단수면(he, she, it 등) 동사에 s를 붙이는 것에 유의해야 한다.

□ 주격 관계대명사절이 사용된 문장에서 관계대명사절 안의 동사는 관계대명사의 수식을 받는 선행사의 수에 일치시킨다. 예를 들어 'I have a sister who is tall.'이란 문장에서 who라는 주격 관계대명사만으로는 단수인지 복수인지 알 수 없으나 who의 수식을 받는 명사인 선행사 sister가 단수이므로 관계대명사절의 동사도 단수인 is로 쓴다.

24 시제 일치란 무엇인가요?

□ 시제 일치란 주절의 시제와 종속절의 시제를 일치시키는 것을 말한다.

□ 접속사가 포함된 절이 종속절이고, 접속사가 없는 절이 주절인데 이때 종속절의 시제를 주절의 시제에 맞춰야 한다. 예를 들어 주절의 시제가 현재면 종속절의 시제도 현재, 주절의 시제가 과거면 종속절의 시제도 과거로 써야 한다.

ex I found my wallet when I visited the lost and found center.

25 it의 다양한 용법(강조 용법, 비인칭주어, 가주어 구분)

□ it에는 다양한 기능이 있다. 각 기능에 따라 다르게 해석되는 it을 구분할 수 있어야 한다.

① 지시대명사 it

- 앞에서 언급한 대상을 가리킬 때 쓰이며, '그것'으로 해석한다.

  ex This is my favorite song. I heard it when I was 10 years old.

② 가주어, 가목적어 it

- 주어나 목적어가 너무 길 때 가주어나 가목적어 it으로 대체하고 진주어나 진목적어는 문장 맨 뒤로 보낸다. 이때 it은 해석하지 않는다.

  ex It is true that I have trouble doing the job.

③ 비인칭주어 it

- 시간, 날씨, 날짜, 요일, 명암 등을 나타낼 때 쓰이며, 이때 it은 해석하지 않는다.

  ex It is five o'clock. It is bright outside.

④ it-that 강조용법의 it

- 문장에서 동사를 제외한 주어, 목적어, 시간 및 장소의 부사구를 it be V ~ that 사이에 넣어 강조할 때 쓰이며, 이때 it은 해석하지 않는다. '~한 것은 바로, 다름 아닌 ~이다.'로 해석한다.

  ex It was Sara that I met in the park yesterday.

사교육 없이 완성하는
영어 1등급 공부법

초판 1쇄 인쇄일 2025년 1월 24일
초판 1쇄 발행일 2025년 2월 15일

지은이 신혜진
펴낸이 유성권

편집장 윤경선
편집 김효선 조아윤 홍보 윤소담 박채원 디자인 박정실
마케팅 김선우 강성 최성환 박혜민 심예찬 김현지
제작 장재균 물류 김성훈 강동훈

펴낸곳 ㈜이퍼블릭
출판등록 1970년 7월 28일, 제1-170호
주소 서울시 양천구 목동서로 211 범문빌딩 (07995)
대표전화 02-2653-5131 | 팩스 02-2653-2455
메일 loginbook@epublic.co.kr
포스트 post.naver.com/epubliclogin
홈페이지 www.loginbook.com

로그인 은 (주)이퍼블릭의 어학 · 자녀교육 · 실용 브랜드입니다.